AF561401

Uwe Schneider

Drohnen – legal und professionell

BILDNER

Verlag: BILDNER Verlag GmbH

Bahnhofstraße 8

94032 Passau

http://www.bildner-verlag.de

info@bildner-verlag.de

Tel.: +49 851-6700

Fax: +49 851-6624

ISBN: 978-3-8328-0376-6

Covergestaltung: Christian Dadlhuber

Redaktion und Lektorat: Ulrich Dorn

Layout und Gestaltung: Nelli Ferderer

Autor: Uwe Schneider

Herausgeber: Christian Bildner

Druck: FINIDR s.r.o., Lípová 1965, 73701 Český Těšín, Tschechische Republik

Fotos auf dem Cover: Uwe Schneider,

außer Bild Mitte unten: ©guruXOX - stock.adobe.com

Das FSC®-Label auf einem Holz- oder Papierprodukt ist ein eindeutiger Indikator dafür, dass das Produkt aus verantwortungsvoller Waldwirtschaft stammt. Und auf seinem Weg zum Konsumenten über die gesamte Verarbeitungs- und Handelskette nicht mit nicht-zertifiziertem, also nicht kontrolliertem, Holz oder Papier vermischt wurde. Produkte mit FSC®-Label sichern die Nutzung der Wälder gemäß den sozialen, ökonomischen und ökologischen Bedürfnissen heutiger und zukünftiger Generationen.

Wichtige Hinweise

AUF DEM WEG ZUM DROHNENPROFI

Seit fast 40 Jahren begleitet mich das Thema Fotografie. Damals betrat ich als junger Mann eine Bremer Lokalredaktion und wollte Journalist werden. Die Redaktion hatte gerade Personalnot, und schon war ich von heute auf morgen Polizeireporter. So begann meine journalistische Karriere. Doch schreiben allein reichte mir nicht, eine Kamera musste her. Eine Spiegelreflexkamera von Nikon! Damals die Kamera, die man als Reporter bei sich haben sollte. Film rein, und los ging es. 36 Aufnahmen, dann war der Film schnell voll.

Ergebnis der Arbeit? Offen!
Erst mal kam die Entwicklung des Films, dann in der Dunkelkammer der Entwicklungsprozess des Fotopapiers. Auch die Dunkelkammer faszinierte mich. Ich eignete mir das Wissen dazu an und konnte schnell selber meine fotografische Arbeit vor Ort in der Dunkelkammer entwickeln, das Fotopapier belichten und es dann durch die Entwicklungsbäder schieben. Bis das Bild schlussendlich fertig war, verging Zeit. Und? Wenn das Ergebnis nicht befriedigend war, landete der Schnappschuss in der Tonne. Gute Schnappschüsse sind einfach nicht wiederholbar, da sie situationsbedingt einzigartig sind. Pech!

Ich habe als Journalist über die Jahre hinweg die digitale Revolution hautnah miterlebt. Habe mit dazu beigetragen, dass in Redaktionen Laptops mit Modem Einzug hielten, um brandaktuell vom Ort des Geschehens berichten zu können. Habe die digitale Fotografie von Anfang an begleitet und deren rasante Entwicklung aktiv mitgetragen. Am Anfang belächelten mich die anderen anwesenden Fotografen, die mit ihren analogen Spiegelreflexkameras einem in der Regel bei der nicht wiederholbaren einzigartigen Momentaufnahme haushoch überlegen waren, als ich dort mit meiner digitalen Kamera auftauchte.

Hatte man als digitaler Revoluzzer aber das Glück, einen dieser einzigartigen Momente ins rechte Licht rücken zu können und ihn dann auch mittels digitaler Kamera auf der Speicherkarte einzufangen, zeigte sich, warum heute die digitale Fotografie diesen Siegeszug genommen hat. Das Foto konnte unmittelbar, nachdem es gespeichert war, auf den Laptop übertragen und per Modem direkt an die Redaktion gesendet werden. Von dort ging es weiter in die Druckerei. Nur drei Schritte, die analoge Fotografie musste dagegen viele zeitaufwendige Schritte durchlaufen, bevor das Bild überhaupt die Redaktion erreichen konnte.

Im Bereich der Fotografie habe ich immer wieder neue Herausforderungen gesucht. Luftbilder, aufgenommen aus Flugzeugen, gehörten genauso dazu wie die Unterwasserfotografie. Jahrelang habe ich für ein bekanntes deutsches Tauchsportmagazin gearbeitet und von den Tauch-Eldorados der Welt in Text und Bild berichtet.

Nun ist für mich eine neue Herausforderung dazugekommen: die Luftbildfoto- und -videografie. Als der Hype um die Drohnen vor ein paar Jahren in Deutschland begann, schaute ich mir die Materie zuerst als interessierter Beobachter an. Ich erinnerte mich an meine Luftbildaufnahmen aus Flugzeugen heraus, die stets unter schwierigen, aufwendigen Verhältnissen entstanden sind. Oder an meine Idee, mittels eines mobilen Großstativs neue Perspektiven für Fotoaufnahmen zu realisieren. Fotos aus Flugzeugen sind immer problematisch. Beispielsweise die Reflexionen, die sich daraus ergeben, dass zwischen Motiv und Kameralinse stets ein Fenster ist, nämlich das des Flugzeugs. Und das mobile Teleskopstativ? Mal eine Zeitlang ganz aktuell, doch viel zu unflexibel und teuer. Und wenn dann das Wetter nicht mitspielte, war bereits die Vorplanung eine kostspielige Angelegenheit.

Daher wuchs in mir schnell das Bedürfnis, aus der reinen Beobachterrolle herauszuschlüpfen und selbst als Drohnenpilot aktiv zu werden. Gedanken wie „Kann ich das überhaupt?" oder „Kann ich mit den Joysticks an der Fernsteuerung das Ding so bewegen, dass

Der Autor dieses Buchs, Uwe Schneider, im Visier seiner eigenen Drohne, der DJI Mavic Pro.

DJI Mavic Pro, FC220 | ISO 100 | 1/344 s | f/2.2 | 4,73 mm

es abhebt, in der Luft bleibt und dann auch wieder sicher landet?" gingen mir dabei schon durch den Kopf.

Ich schaute mir den Markt näher an, sondierte die zahllosen Angebote und entschied mich dafür, erst einmal eine einfache Drohne für wenig Geld anzuschaffen. Die Wahl fiel dabei auf eine Syma-Drohne: X5SW. Alles easy, die Spielzeugdrohne kam und war sofort einsatzbereit.

Rumms! Schon wenigen Sekunden nach dem ersten Start direkt im Büro knallte das Flugobjekt unsanft gegen den Schreibtisch. Nach und nach gelang es mir, die Drohne in der Luft und einigermaßen stabil auf einem Fleck zu halten. Auch das Steuern wurde von Mal zu Mal besser.

Somit kam die nächste Stufe, der Gang nach draußen. Stolz wie Oskar startete ich die Drohne im eigenen Garten. Sie stieg und stieg, und auf einmal rauschte sie ab und landete in 15 Metern Höhe im Baum. Der Wind, der in der Höhe herrschte, trieb die Drohne ab und ließ sie wenig später in den Zweigen hängen. Ein halbes Jahr verharrte sie dort, dann schaffte es ein Sturm, dass sie wieder herabrutschte und unsanft, aber dennoch unbeschadet am Boden ankam. Die Zeit im Baum hat sie gut überstanden, alles funktionierte noch tadellos. Doch ich hatte das Vertrauen zwischenzeitlich in so einen Flieger verloren.

Sie befindet sich zwar noch in meinem Besitz, wird aber nicht mehr geflogen! Die Lust am eigenen Fliegen ist mir damit dennoch nicht abhandengekommen – im Gegenteil! Heute befinden sich neben der besagten (ausrangierten) Syma-Drohne noch eine Yuneec Q500 4K, eine DJI Mavic Pro, eine DJI Inspire 1 und ein großer Quadrocopter auf DJI-Basis mit N3 sowie Lightbridge in meinem Hangar.

Zwischenzeitlich habe ich natürlich auch eine Drohnenschulung absolviert, bin Mitglied im *Bundesverband Copter Piloten* (BVCP), die Drohnen sind allesamt auf gewerblicher Basis versichert, und für die Bereiche Niedersachsen sowie Mecklenburg-Vorpommern habe ich eine allgemeine Aufstiegsgenehmigung.

Nun heißt es „Ready to take off!" – ich hoffe, ich kann Ihnen mit meinen Erfahrungen weiterhelfen und dazu beitragen, dass Sie erfolgreich in eine spannende Zukunft abheben können.

Mein Drohnenhangar. Canon EOS 80D | ISO Auto | 1/200 s | f/4 | 29 mm

Haftungsausschluss

Der gewerbliche Einsatz von unbemannten Luftfahrtsystemen (UAS) liegt in der alleinigen Verantwortung eines jeden Drohnenpiloten auf Basis der geltenden rechtlichen Bestimmungen. Zu beachten ist, dass sich die gesetzlichen Rahmenbedingungen jederzeit ändern können. Trotz sorgfältiger Recherche übernimmt der Autor dieses Buchs keine Gewähr beziehungsweise Haftung für die Vollständigkeit und Richtigkeit der Inhalte in diesem Buch.

Inhalt

1 READY
TO TAKE OFF

1

Ready to take off

Neue Horizonte, neue Perspektiven

Die Digitalisierung hat in den vergangenen Jahren eine Revolution in der Arbeitswelt vollzogen. Kein Lebensbereich, der nicht in irgendeiner Form von dieser Wandlung betroffen war. Im Bereich der Foto- und Videografie vollzog sich der rasante Wandel von analog auf digital ebenfalls. Aber nicht nur die Digitalisierung spielte hier eine Rolle, auch die Perspektive des Fotografierens sollte sich erweitern.

Unter dem Motto „neue Horizonte, neue Perspektiven" erleben sogenannte Fotodrohnen eine rasante Entwicklung weltweit. Allein in Deutschland wird die Zahl der fernbedienten Fluggeräte auf rund 500.000 geschätzt. Früher wurden Luftaufnahmen aufwendig per Flugzeug oder mithilfe mobiler Teleskopstative und Ähnlichem mehr gemacht.

Die Zeiten ändern sich – rapide! Vor Jahren noch waren Luftbilder Hunderte Euros wert. Ein Bild vom Eigenheim aus der Vogelperspektive wurde teuer bezahlt und golden eingerahmt. Dafür mussten in der Regel eigens ein Pilot und ein Fotograf ins Flugzeug steigen und gemeinsam abheben. Doch diese vom hohen Aufwand herrührende Exklusivität ist vorbei. Die Fotodrohnen übernehmen, der Mensch bleibt am Boden. Diese Art von Fluggeräten finden sich mittlerweile selbst im Sortiment von Drogeriemärkten wieder.

Drohnen für jedermann? Heute können die Fotodrohnen noch viel mehr, als nur Fotos und Videos aufzunehmen. Sie können sie nutzen für Vermessungen , 3-D-Modelle, Inspektionen, Dokumentationen, Vermisstensuche und, und, und.

Während die Drohnenentwicklung im privaten Bereich ihren Höhepunkt längst erreicht hat und in den nächsten Jahren eher stagniert als floriert, wird die Drohne im gewerblich industriellen Umfeld in den nächsten Jahren eine rasante Entwicklung machen, die nur eine Richtung kennt: nach oben!

Heutzutage heißt es binnen weniger Minuten „ready to take off". Dann hebt der Multicopter ab, bestückt mit hochwertigem Kameraequipment – mit Kameras, die hochauflösende Fotos, 4k-Filme oder auch Multispektral- beziehungsweise Wärmebilder aufzeichnen können. Die Qualität des gerade aufgenommenen Fotos kann oftmals schon direkt während des Flugs mithilfe der Bodenstation kontrolliert und gegebenenfalls gleich noch einmal wiederholt werden.

Das vorliegende Buch soll den Drohnenpiloten – oder Fernpiloten, wie es künftig richtigerweise heißen wird – dahin gehend unterstützen, das Potenzial eines unbemannten Luftfahrtsystems (UAS) besser zu verstehen, um es entsprechend für sich nutzen zu können.

Die Entwicklung der Drohnentechnologie – in Hard- wie auch Software – schreitet schnell voran. Je komplexer die Anwendung war, desto größer war auch das Fluggerät. Jetzt ist es eher, dass Drohnen, die bisher eher im Hobby- und semiprofessionellen Bereich zu finden waren, für den Profibereich ausgestattet werden. Damit werden Transport und Handhabung immer einfacher, sodass die Drohne irgendwann mal in jedem Handwerkskoffer zu finden sein wird.

Es ist deshalb leider nicht auszuschließen, dass sich bereits während der Produktion dieses Buchs Veränderungen einstellen, die hier keine Berücksichtigung finden können. Des Weiteren kann für Hard- und Software keine Garantie auf Vollständigkeit übernommen werden.

Dieses Buch soll dazu beitragen, dass ein Drohneneinsatz zu einer stressfreien Bereicherung des Arbeitsalltags werden kann.

Far de Formentor – der mallorquinische Leuchtturm aus ungewohnter Sicht mit herrlicher Landschaft im Vordergrund.

DJI Mavic Pro | ND 16 | 1/100 s | f/2.2 | 4,73 mm

2 AUFBRUCH-STIMMUNG IM EU-LUFTRAUM

giz

TAXI

2

Aufbruchstimmung im EU-Luftraum

Beitrag zur Klimaschutzdebatte

Im europäischen Luftraum herrscht eine Art Aufbruchstimmung. Es surrt mehr und mehr im Luftraum. Unbemannte Fluggeräte, umgangssprachlich Drohnen genannt, sind auf dem Vormarsch und auf dem besten Weg, die (Arbeits-) Welt im Sturm zu erobern.

Bei dem Begriff Drohnen denkt der eine an ein harmloses Spielzeug, ein anderer dagegen eher an störende Objekte, die in die eigene Privatsphäre eindringen und diese ausspionieren könnten. Oder die Gedanken schweifen sogar ab zum Ursprung des Begriffs – zu Kampfmaschinen, die schon in manch militärischer Auseinandersetzung den Tod gebracht haben.

Ein Himmel voller Drohnen. Für Berlin erwarten Experten bis 2030 rund 17.000 Drohnenbewegungen pro Tag.

Canon EOS 80D | 1/160 s | f/10 | 35 mm

Hier soll es weder um Spione noch um Waffen gehen, sondern um das Arbeitsgerät „Drohne", das nach und nach aus einem modernen Werkzeugkasten nicht mehr wegzudenken sein wird.

Moderne Drohnen sind extrem leistungsfähig und bereits jetzt in Teilen zu einem interessanten Arbeitsgerät für Handwerk, Industrie und Behörden geworden. Alle Fragen, die einen Erwerb und den Einsatz einer Drohne mit sich bringen, beispielsweise gesetzliche Regelungen, Aufstiegserlaubnis, Wetterplanung, Ausstattung und Bedienung, sollten vor der Anschaffung geklärt werden.

Drohnen erledigen eine Vielzahl an Aufgaben umweltfreundlicher, leiser und kosteneffizienter. Auch Drohneneinsätze können einen Beitrag zur aktuellen

Klimaschutzdebatte leisten. Ein Einsatz von Drohnen etwa bei Brückentests oder Medikamententransporten kann aus Sicht des Luftfahrtkoordinators der Bundesregierung, Thomas Jarzombek, das Klima aktiv schützen. „Mit einer Drohne kann viel Kohlendioxid eingespart werden, da man elektrisch fliegt, statt mit dem Auto zu fahren. Zudem können erhebliche Kosten eingespart werden", sagt Jarzombek.

Thomas Jarzombek – Luftfahrtkoordinator der Bundesregierung. (Bild: Pressefoto)

Anders als bemannte Flugzeuge werden Drohnen jedoch nicht vom Radar erfasst, weshalb ihr Potenzial aktuell sehr eingeschränkt und nur mit teils erheblichen Hürden nutzbar ist. Welche Hürden bestehen und welche Fragen beantwortet werden müssen, soll in diesem Buch beleuchtet werden.

Auch mit Drohnen Geld zu verdienen ist, wird hinterfragt. Insofern soll dieses Buch als Informationsquelle dafür dienen, den Einsatz von Drohnen im kommerziellen Bereich zu erkunden.

Die Branche steht aktuell gleich vor mehreren Herausforderungen. Zum einen befindet sie sich in einer Konsolidierungs- und Konzentrationsphase. Zum anderen müssen rechtliche Voraussetzungen für einen sicheren Drohnenverkehr im Luftraum untereinander sowie mit der bemannten Luftfahrt geschaffen werden. Darüber hinaus müssen die Anforderungen von Industrie, Dienstleistung und Handwerk umgesetzt werden, sodass sich Drohnen eben künftig nicht nur in Sichtweite des Fernpiloten bewegen können, sondern auch außerhalb über größere Distanzen hinweg.

Die Herausforderung liegt darin, ein Managementsystem aufzubauen, das erstens in der Lage ist, eine Drohne elektronisch zu registrieren und so einen Steuerer/Eigentümer eindeutig zu identifizieren. Zweitens muss es einer Drohne elektronisch Flugbereiche (Geofencing) zuweisen können, in dem sich dann kein anderes Luftfahrzeug zur selben Zeit bewegt. Und drittens ist es geplant, ein System zu entwickeln, mit dessen Hilfe sich Drohnen gegenseitig erkennen und einander ausweichen können. Und das in Echtzeit.

Nur wenn diese drei Systembereiche realisiert sind, ist ein autonomer Betrieb von Luftfahrzeugen im Luftraum möglich. Derzeit bewegen sich viele Player in diesem Bereich und versuchen sich zu positionieren. Man darf gespannt sein, wer sich davon durchsetzen und etablieren wird.

Gemeinsames Luftraummanagement

Die folgende Abbildung zeigt eine grafische Darstellung davon, wie sich das SESAR Joint Undertaking der EU den U-Space vorstellen könnte. Es stellt eine hypothetische Mission dar und veranschaulicht, wie das U-Space die Realität beeinflussen könnte.

1) Steht für die Vorbereitung einer Drohnenmission, bei der ein kleines Paket von einem Vorort ins 30 Kilometer entfernte Stadtzentrum geflogen werden soll.

2) Steht für die Phase der Beantragung einer Fluggenehmigung und deren offizieller Bestätigung.

3) Steht für die Ausführung des Flugs.

4) Steht für die Beendigung des Flugs sowie die Vorbereitung auf den nächsten Flugauftrag.

Airports und Elemente der bemannten Luftfahrt wie Flugzeuge und Hubschrauber befinden sich dabei in einer sichereren Blase, die permanent um das jeweilige Element gelegt ist und im Fall eines Flugs des Luftfahrzeugs entsprechend auch mitwandert. Drohnen hingegen sind auf imaginären Flugbahnen unterwegs und fliegen in vorgegebenen Luftkorridoren. Bis zur Realisierung dieses Konzepts ist es allerdings noch ein langer Weg, da die dafür notwenige Technik und ein allumfassendes Luftverkehrsmanagement dahinter überhaupt noch nicht existiert.

Ein Beispiel für die bemannte und unbemannte Luftfahrt: der U-Space. (Bild: Sesar JU, Europäische Kommission)

Die Suche nach dem Konzept

Die EU arbeitet gerade an den Voraussetzungen für ein *UAS Traffic Management System* (UTM), das die Möglichkeit eröffnen soll, künftig eben vollständig autonom auch außerhalb der Sichtweite des Steuerers fliegen zu können.

In Deutschland haben sich zwei große Unternehmen – die Deutsche Telekom und die Deutsche Flugsicherung – zusammengetan und mit DRONIQ ein gemeinsames Unternehmen gegründet.

DRONIQ entwickelt eine auf LTE basierende Lösung, um Drohnen identifizierbar und ins europäische U-Space-Konzept integrierbar zu machen.

U-Space-Konzept

Das U-Space-Konzept soll eine Lücke schließen, die sich durch die aktive Verbreitung von Drohnen (egal ob privat oder kommerziell genutzt) ergeben hat. Die Europäische Union hat es als Ziel erklärt, den europäischen Luftraum effizient zu verwalten und so neue Anwendungsmöglichkeiten für Drohnen zu schaffen.

Der Luftraum wird durch Luftfahrtbehörden weltweit überwacht und verwaltet. Für Drohnen gibt es noch kein direktes Management des Luftraums. Mit dem U-Space-Konzept soll sich das ändern. Im Folgenden wird geklärt, warum das nötig ist und was für Auswirkungen dies auf das Fliegen mit der Drohne hat.

Die Prognosen im Drohnenmarkt kennen aktuell nur eine Richtung: nach oben. Egal ob für den privaten Einsatz oder für die Erbringung von Dienstleistungen, Drohnen wird zu Recht ein großes Potenzial zugeschrieben.

Noch hinken aber die Regularien und Gesetze der sich immer weiterentwickelnden Technik zum Teil erheblich hinterher. Ein solcher großer weißer Fleck ist das aktive Management des Luftraums für Drohnen beziehungsweise UAVs. Da die Anzahl der Drohnen in den kommenden Jahren weiter deutlich steigen dürfte, müssen auch Drohnenflüge aktiv verwaltet werden. Hier setzt die Idee des sogenannten U-Space an.

U-Space beschreibt dabei nicht einen bestimmten Luftraumbereich, sondern ist eher als Rahmenwerk für die Integration von Drohnen in das bestehende Luftraummanagement zu verstehen.

Die bisherigen Systeme zur Luftraumüberwachung (ATC, *Air Traffic Control*), wie ATM (*Air Traffic Management*) und ANS (*Air Navigation Service*), regeln dabei nur die bemannte Luftfahrt und Drohnen mit einem Gewicht von über 150 Kilogramm. U-Space soll hingegen den Rahmen für den Einsatz von kleineren Drohnen bieten.

U-Space ist also als ein neues Managementsystem für den Luftraum anzusehen, das speziell für Drohnenflüge entwickelt wird. Die Europäische Union verfolgt den Ansatz, das bestehende ATM der bemannten Luftfahrt mit dem U-Space für Drohnen zu koppeln.

Dieses Vorgehen ist positiv für die Drohnenbranche, da Drohnen so nicht zwanghaft in das Korsett der bestehenden Regeln der bemannten Luftfahrt gepresst werden.

Wieso soll es einen U-Space geben?

Für private Drohnenpiloten klingt der U-Space erst einmal nach einer weiteren Einschränkung, das eigene Hobby ungestört ausüben zu können. Das ist nicht ganz falsch, denn U-Space wird weitere Anforderungen an die technische Ausstattung der Drohne und deren Betrieb stellen. Wichtige Grundlagen hierfür legt die Kategorisierung der Drohnen- und Luftraumklassen, wie sie in den neuen EU-Drohnenregeln vorgesehen ist.

Der U-Space wird aber erforderlich, da vor allem der kommerzielle Einsatz von Drohnen vor einem großen Aufschwung steht, der aktuell vor allem durch die fehlenden gesetzlichen Rahmenbedingungen (noch) stark ausgebremst wird. Eine Regulierung ist deshalb nicht nur zu begrüßen, sondern zwingend notwendig, um die Bremswirkung zu minimieren.

Für den Freizeitpiloten werden sich durch den U-Space womöglich auch neue Freiheiten ergeben. Denn wenn alle Drohnen im Luftraum registriert sind, können theoretisch Höhenbeschränkungen entfallen. Auch der Überflug bestimmter Gebiete, die aktuell pauschal den Aufstieg und Überflug verbieten, müssen dann von den lokalen Behörden überdacht werden, um Verhältnismäßigkeit zu wahren.

Ein Beispiel: Wieso darf ein privates bemanntes Luftfahrzeug mit Verbrennungsmotor in geringer Höhe über ein Gebiet fliegen, das als Naturschutz- oder Landschaftsschutzgebiet ausgewiesen ist, der Betrieb einer deutlich leiseren Drohne in gleicher Höhe ist aber verboten? Solche Fragen gilt es nach der Integration von Drohnen in den Luftraum zu klären.

Interessant wird sein, welche eigenen Süppchen die EU-Mitgliedsstaaten hier kochen werden. Es ist sehr zu hoffen, dass es trotz nationaler Bemühungen wie der Gründung von DRONIQ in Deutschland eine einheitliche Regulierung für den U-Space geben wird, die nicht durch diverse Sondereinschränkungen und strengere Regelungen der einzelnen Mitgliedsstaaten zu einem undurchschaubaren Vorschriftendschungel heranwächst. Um Drohnen als Zukunftstechnologie und -markt zu erschließen, muss die EU hier unbedingt für einheitliche, EU-weit geltende Regelungen sorgen.

Wer kümmert sich um U-Space?

Der U-Space wird durch eine speziell dafür gegründete Organisation namens SESAR ausgearbeitet. SESAR steht für *Single European Sky ATM Research*, und das SESAR-Programm stellt eine Arbeitsgemeinschaft mehrerer Regierungsorganisationen und Unternehmen aus der Luftfahrt- und Drohnenbranche dar.

Gegründet wurde SESAR von der Europäische Kommission und Eurocontrol. SESAR ist also damit betraut, ein sogenanntes UTM (*UAS Traffic Management*) für den EU-Raum auszuarbeiten und Schritt für Schritt zu implementieren.

Was genau sind U-Space-Services?

U-Space ist ein Bündel verschiedener Rahmenbedingungen und Regelungen, die den Einsatz von Drohnen sicherer und an bisher verbotenen Orten möglich machen sollen. Die Grundlage dafür bieten die sogenannten U-Space-Services. Das sind verschiedene Dienste (also Technologien und Regeln), die den U-Space überhaupt erst ermöglichen.

Man muss sich das Ganze als schleichenden Prozess vorstellen, der Schritt für Schritt eine vollständige Integration von Drohnen in den überwachten Luftraum anstrebt. Dazu hat SESAR vier Ausbaustufen des U-Space ausgearbeitet:

Die U-Space-Ausbaustufen

- **U-Space 1 (ab 2019)** – U-Space 1 besteht aus drei grundlegenden Diensten, die eine erweiterte Drohnennutzung am EU-Himmel überhaupt erst möglich machen sollen. Diese drei Dienste sind: E-Registration, E-Identification und Geofencing. *E-Registration* bedeutet, dass alle Drohnen in einem zentralen Register samt dem Piloten registriert werden müssen. So soll eine erste Übersicht über die betriebenen Drohnen erstellt werden. Das Ganze ist vergleichbar mit der Anmeldung eines Autos oder eines bemannten Flugzeugs.

  - *E-Identification* bezeichnet hingegen ein Verfahren, das eine Drohne in der Luft aus der Ferne identifizieren kann. Bei bemannten Flugzeugen kommt dazu zum Beispiel ADS-B zum Einsatz. So können fortlaufend die aktuelle Position, die Kennung des Flugzeugs sowie Höhe, Richtung und Geschwindigkeit ausgelesen werden.

- Für Drohnen muss hier erst noch ein Standard gefunden werden. DJI beginnt mit AirSnense, ab 2020 ADB-S-Transponder in seine Drohnen zu integrieren. Diese können aber nur andere ADB-S-Signale in der näheren Umgebung erkennen, jedoch nicht die Drohne selbst identifizieren.

- *Geofencing* ist in aktuellen Drohnen in der Regel bereits fester technischer Bestandteil. Es erlaubt, einen virtuellen Zaun zu erstellen, den die Drohne nicht durchbrechen darf. Im U-Space kommt diesem Konzept besondere Aufmerksamkeit zu. So soll bei aktivem Management des Luftraums der Geofence aktiv durch die Kontrollbehörde angepasst werden können, um Kollisionen zu vermeiden.

In der ersten Ausbaustufe geht es überhaupt erst einmal darum, diese drei Grundlagen zur Verfügung zu stellen.

- **U-Space 2 (ab 2022)** – U-Space 2 soll den Betrieb von Drohnen erstmals aktiv unterstützen. Das umfasst dann Dinge wie die Flugplanung, die Genehmigung von Missionen, die aktive Ortung, die Bereitstellung dynamischer Luftrauminformationen für Drohnenpiloten und Schnittstellen mit der Flugverkehrskontrolle (ATC). U-Space 2 nutzt also die in Stufe 1 zur Verfügung gestellten Technologien das erste Mal aktiv, um Drohnen in die Luftraumüberwachung einzubinden.

- **U-Space 3 (ab 2027)** – In Stufe 3 erfolgt die Erweiterung des Leistungsangebots für U-Space-Nutzer. Darunter fallen Dinge wie das aktive Kapazitätsmanagement in einem Luftraumbereich, eine zuverlässigere Kommunikation der Drohne mit der *Air Traffic Control* (ATC) und Technologien, die aktiv Kollisionen verhindern sollen. All diese Dienste von U-Space 3 werden es dann erlauben, komplexere Drohnenmissionen in dicht besiedelten Gebieten durchzuführen, ohne dass dabei die Sicherheit von Menschen gefährdet wird.

- **U-Space 4 (ab 2035)** – Mit U-Space 4 wird die Endausbaustufe erreicht sein, und der U-Space ist vollständig einsatzbereit. U-Space 4 bedeutet dabei nichts anderes, als eine vollständig definierte und einsatzbereite Schnittstelle zum aktuellen ATM der bemannten Luftfahrt zu haben. Darauf aufbauend, wird also eine nahtlose Integration des UTM in das bestehende ATM möglich. Dabei sollen Drohnen vollautomatisch auf Basis der vorher beschriebenen Technologien in den Luftraum eingebunden und deren Flüge verwaltet werden.

Was bedeutet der U-Space für Drohnenpiloten?

Wenn man sich das geplante Vorhaben zum U-Space durchliest, wird einem als Freizeitpilot erst einmal angst und bange: Darf man dann nirgendwo mehr ungestört fliegen? Es ist davon auszugehen, dass sich der Prozess bis zu einer vollständigen Implementierung der Stufe 4 noch über Jahre hinziehen wird. In der Zwischenzeit werden zunächst einmal die neuen EU-Drohnenregeln für neue Fragen sorgen.

Der U-Space ist im Gesamten aber etwas Gutes und ein notweniger Schritt, um die Drohnentechnologie kommerziell in Europa beziehungsweise der EU verfügbar und einsetzbar zu machen. Eine Prämisse von SESAR ist dabei der gleichberechtigte Zugang zum Luftraum für alle Bürger. Das heißt, auch Freizeitpiloten werden im U-Space aufsteigen dürfen – wahrscheinlich sogar deutlich flexibler, in größerer Höhe und auch an mehr Orten, als aktuell möglich ist.

Bis es so weit ist, kommt aber erst einmal jede Menge Aufgaben auf die Piloten und Drohnenbetreiber zu: Zunächst wird es eine Registrierungspflicht geben, gefolgt von der Pflicht, eine Drohne mit Identifikationssystem einzusetzen, um in bestimmten Bereichen aufsteigen zu dürfen. Aktives Geofencing muss ebenfalls erst durch die Drohnenhersteller implementiert werden. Dazu fehlt aktuell noch ein gemeinsamer Standard.

Außerdem werden mit Sicherheit auch Gebühren auf die Piloten und Betreiber zukommen, denn die neue Infrastruktur lässt sich nicht kostenlos aufbauen und betreiben. Hier ist stark zu hoffen, dass private Piloten faire Preise für einen Zugang zum U-Space erhalten.

Problem Datensicherheit

Mit den Anforderungen, die das U-Space-Konzept an die Drohnentechnologie stellt, geht fast unweigerlich eine Anbindung der Drohne oder deren Basisstation an das Internet einher. Aktuell agieren selbst die neuesten Drohnen vollständig ohne eine Verbindung zum Internet. Im Rahmen der Datenklauvorwürfe des US-amerikanischen Ministeriums für Innere Sicherheit gegenüber dem Drohnenhersteller DJI stellte DJI diesen „Offlinebetrieb" als ein Kernelement der Datensicherheit von DJI-Drohnen dar.

Soll nun eine Drohne aktiv im Luftraum verwaltet werden, muss eine Echtzeitkommunikation zum U-Space sichergestellt werden. Die Absicherung der Kommunikation zwischen Drohne und UTM wird eine Kernaufgabe sein. Besonders kritisch ist dabei, dass für Funktionen wie Erkennung (*Detect*) und Ausweichen (*Avoid*) oder die dynamische Anpassung des Geofence nicht nur lesende Kommunikation von der Drohne an das UTM, sondern auch steuernde Funktionalitäten von UTM an die Drohne nötig sind.

Wie diese Aufgabe gelöst wird, bleibt spannend. Technisch ist das Problem weniger komplex. Denn die meisten Drohnen werden heute schon über eine Bodenstation (einen *Controller*) mit WLAN- und UMTS/LTE-Zugang gesteuert. Die Kommunikation mit dem UTM könnte also zwischen Smartphone, Tablet oder Bodenstation stattfinden. Von hier aus werden die Daten dann an die Drohne übertragen.

Wann kommt U-Space nach Deutschland?

Ab wann der U-Space in Deutschland verfügbar sein wird, ist noch unklar. SESAR will die U-Space-Stufe 1 schnellstmöglich spezifizieren. Dazu sind aber noch etliche offene Fragen zu klären. Einer der größten Diskussionspunkte ist, ob der U-Space als eigener Luftraumbereich definiert werden soll. Ein vollständiges UTM (*UAS Traffic Management*) dürfte wohl noch bis 2035 und später auf sich warten lassen.

Zukunftsmodell für die Mobilität?

Die Drohne ist zu einem Trend geworden, der wohl nicht mehr aufzuhalten ist. Man wird sich daran gewöhnen müssen, dass die Drohnen im Luftraum vermehrt herumschwirren werden, um vielfältigste Aufgaben wie fleißige Bienen zu erledigen. Für die Bundeshauptstadt Berlin prognostizieren Fachleute für 2030 rund 17.000 Drohnenbewegungen pro Tag!

Auf europäischer Ebene gibt es seit Sommer 2019 Regeln, die europaweit mehr Sicherheit bringen sollen. Deutschland hat bis Sommer 2020 Zeit, diese Verordnung in nationales Recht umzusetzen. Geregelt werden muss in erster Linie, was Drohnen und deren Piloten in bis zu 150 Metern Höhe, also im unteren Luftraum, tun dürfen – und was eben nicht.

Das goldene Zeitalter der Drohnentechnologie ist greifbar nah, und die Zukunft verspricht, dass auf der Entwicklung und dem Erfolg der Branche der vergangenen Jahre aufgebaut werden kann. Die Mobilität von morgen ist ein riesiges Spielfeld für innovative Lösungen. Und: Die Drohnentechnologie spielt dabei durchaus keine untergeordnete Rolle.

Im Mobilitätsmix der Zukunft wird das Auto zunehmend eine komplementäre Rolle spielen. Schon heute machen Staus, Baustellen, Citymaut- und Parkplatzgebühren Automobilität in urbanen Räumen immer ineffizienter. Dennoch wird das Auto weiterhin ein zentraler Treiber des Megatrends Mobilität bleiben – allerdings unter neuen Vorzeichen dank smarter und multifunktionaler Mobilitätslösungen.

Die Zukunft der Mobilität wird aber auch immer stärker jenseits der herkömmlichen Infrastrukturen stattfinden. Drohnen werden die Mobilität verändern, indem sie bestimmte Aufgaben einfacher und schneller erledigen können. Vor allem in urbanen Räumen bedeutet ein Transport von Gütern per Drohne eine massive Zeit- und Kosteneinsparung gegenüber bisherigen Kuriersystemen.

Die Innovationsfelder der Drohnentechnologie werden die Mobilität von morgen vielfältiger und smarter machen – und neue systemische Rahmenbedingungen schaffen. Und das bedeutet wiederum: weitere Potenziale für innovative Lösungen.

Drohnen sind mittlerweile aus der Gesellschaft nicht mehr wegzudenken. Fast jeder hat Freunde oder Bekannte, die sich bereits eine Drohne für den heimischen Gebrauch zugelegt haben. Bei diesen Modellen liegt aufgrund von Größe und Kapazität der Modelle der Schwerpunkt natürlich weitestgehend auf der Beschaffung von Bild- und Videomaterial.

Aber es gibt noch eine Vielzahl weiterer Einsatzmöglichkeiten für die unbemannten Luftfahrtsysteme (UAS). Wie sehen die konkreten Projekte aus? Und wo liegen die Vorteile und Risiken bei dieser Entwicklung? Hierauf soll dieses Buch Antworten finden und geben.

Doch zuvor gilt es noch die Frage zu klären, warum Drohnen im gesellschaftlichen Leben angekommen sind, sich aber dennoch auf einem Kollisionskurs befinden?

Dies mag zum einen an dem negativ belegten Begriff „Drohne" liegen, zum anderen an der rechtlichen Situation. Wer sich eine Drohne kauft, ist sich oftmals nicht bewusst, welche Pflichten sich aus dem Gebrauch einer Drohne im öffentlichen Bereich ergeben.

Zu beachten sind hier die Versicherungspflicht, die rechtlichen Rahmenbedingungen für Drohnenflüge sowie die Einhaltung von entsprechenden Gesetzen. Wer privat eine Drohne einsetzt beziehungsweise fliegt, kann dies ohne Weiteres machen, solange die Drohne unter zwei Kilogramm wiegt und die Vorgaben der Luftverkehrsverordnung eingehalten werden. Das dürfte weit über 90 Prozent der Drohnen betreffen, die im deutschen Luftraum bewegt werden.

Wenn man sich einmal in sozialen Netzwerken umschaut, wird einem schnell klar, warum Drohnen ein schlechtes Image in der Gesellschaft haben. Da entsteht schnell der Eindruck, dass es bei der Drohnenfliegerei keine Grenzen gibt.

Am Anfang der Entwicklung war nahezu alles erlaubt, da nur wenige sich die damals noch teuren Fluggeräte zulegen konnten. Heute sind sie für viele bezahlbar geworden. Dies führt natürlich zu Problemen, vor allem wenn man ohne jegliche Erfahrung gepaart mit Abenteuerlust abhebt, um die Welt von oben zu erobern. Da fühlt sich der eine ausgespäht, der andere in seiner Ruhe gestört, oder es ist einfach die Angst, dass das „Ding" da oben abstürzen und einem auf den Kopf fallen könnte!

Am 7. September 2018 war der Himmel so voll wie noch nie. An diesem Tag zählte die *Deutsche Flugsicherung* (DFS) erstmals mehr als 11.000 Flüge über Deutschland – Rekord! Über das gesamte Jahr gerechnet, waren genau 3.346.448 Mal Flugzeuge im Luftraum unterwegs. Auch dies ist ein Rekord! Bei diesen Zahlen handelt es sich um Maschinen, die registriert sind und sich im Luftraum anmelden müssen. Diese Zahlen beinhalten keine einzige Drohnenbewegung!

Das starke Wachstum des Luftverkehrs führt – zwangsläufig – zu Problemen. Die Flugsicherung muss alle Maschinen im Luftraum so verteilen, dass sie sich nicht auf Kollisionskurs befinden. In den nächsten Jahren kommen geschätzt Hunderttausende neuer Fluggeräte – vor allem Lieferdrohnen und Flugtaxis – im Luftraum hinzu.

So ist es nicht verwunderlich, dass die Aussage „Es müssen noch einige Probleme gelöst werden!" im Raum steht und aktuell viele Experten beschäftigt. Das Programm *Single European Sky ATM Research* (SESAR), eine Arbeitsgemeinschaft mehrerer Regierungsorganisationen aus der Luftfahrt- und Drohnenbranche, gegründet von der Europäischen Kommission und Eurocontrol, schätzt, dass 2050 sieben Millionen von Privatpersonen gesteuerte Drohnen im europäischen Luftraum unterwegs sein werden, dazu weitere rund 400.000 unbemannte kommerzielle Luftfahrzeuge.

Aktuell werden nach Auskunft der Bundesregierung in Deutschland rund 455.000 unbemannte Fluggeräte privat genutzt, dazu weitere 19.000 kommerziell. Die noch junge Drohnentechnologie ist in den vergangenen Jahren gerade bei Privatnutzern eingeschlagen wie eine Bombe. Was die kommerzielle Nutzung der Fluggeräte anbelangt, gibt es in Deutschland jedoch noch reichlich Luft nach oben – und mehr als genug

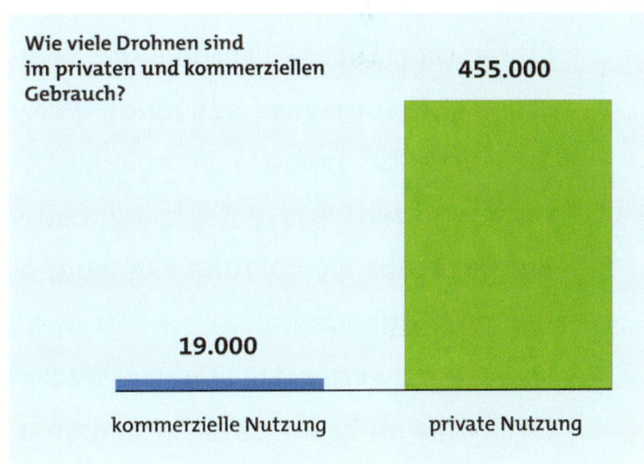

474.000 Drohnen schwirren laut einer Studie aktuell im deutschen Luftraum herum. (Quelle: VUL-Marktstudie von Drone Industry Insights)

Konkurrenz. Dies bestätigt eine Studie vom *Bundesverband der Deutschen Luftverkehrswirtschaft* (BDL).

Laut der Marktstudie „Analyse des deutschen Drohnenmarkts" des vom *Bundesverband der Deutschen Luftverkehrswirtschaft* (BDL) sowie vom *Bundesverband der Deutschen Luft- und Raumfahrtindustrie* (BDLI) ins Leben gerufenen *Verbands Unbemannte Luftfahrt* (VUL) gibt es heute schon fast dreimal mehr Drohnen als noch im Jahr 2015. Das ist vor allem auf den privaten Markt zurückzuführen. 2015, so die Schätzungen, waren rund 170.000 unbemannte Fluggeräte im Umlauf, 2019 wurde die Zahl bereits auf rund eine halbe Million geschätzt.

2030 werden sich nach Aussage der Studie rund 850.000 Drohnen im deutschen Luftraum bewegen, rund 80 Prozent mehr als heute. Kommerziell genutzt wurden 2015 entsprechend der Studie gerade einmal rund 8.000 unbemannte Flugkörper.

In Zukunft werde das stärkste Wachstum nicht mehr im privaten Segment, sondern bei den kommerziell genutzten Multicoptern liegen, so sind sich die Experten sicher. Während die Privatnutzung noch zwei bis drei Jahre Wachstum verspricht, wird es wohl in dem Bereich bereits ab 2025 kaum noch Zuwächse geben. Ganz anders sieht es da nach Expertenmeinung im kommerziellen Bereich aus: Eine immer intensivere gewerbliche Nutzung der jungen Technologie sorge für ein Wachstum um rund 650 Prozent auf etwa 125.000 Geräte im Jahr 2030.

Wird heute lediglich eine von 24 deutschen Drohnen kommerziell betrieben, ist es 2030 eine von sechs! Deshalb ist die Forderung, dass die Gesellschaft schnelle, klare Sicherheitsregeln für deren Betrieb definieren müsse, absolut nachvollziehbar!

Die Integration von Drohnen in den Luftraum ist die spannendste Frage der nächsten Jahre! Dafür sind verbindliche Regeln wichtig, die dann für alle gelten müssen! Statistiken der Deutschen Flugsicherung (DFS) belegen, dass es bereits heute zahlreiche Störungen im Luftraum gibt. In 2018 hat es laut DFS rund 160 Drohnensichtungen in der Nähe von Flughäfen gegeben – ein (Negativ-)Rekord und mit ein Grund dafür, dass die Bundesregierung hier Handlungsbedarf sieht und die DFS beauftragt hat, einen Aktionsplan zur Drohnendetektion an Flughäfen auszuarbeiten. Wenn mit Drohnen Unsinn gemacht wird, ist das nicht förderlich

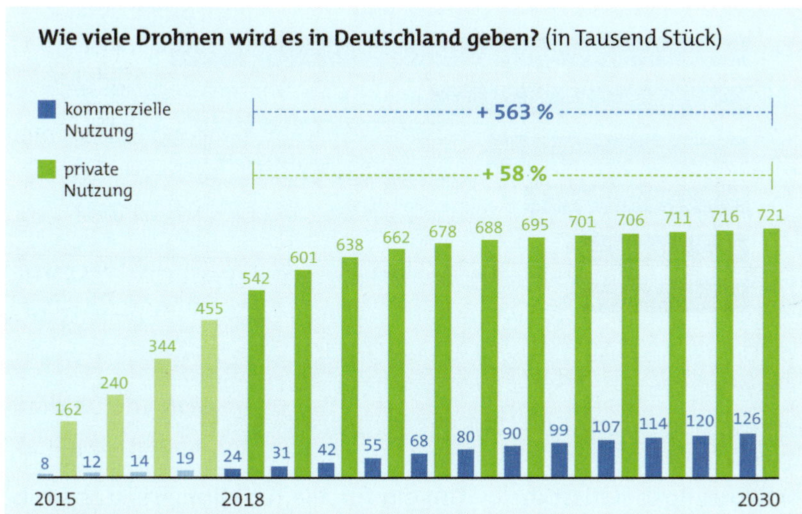

Die Wachstumsprognose der Drohnenanzahl in Deutschland bis 2030. (Quelle: VUL-Marktstudie von Drone Industry Insights)

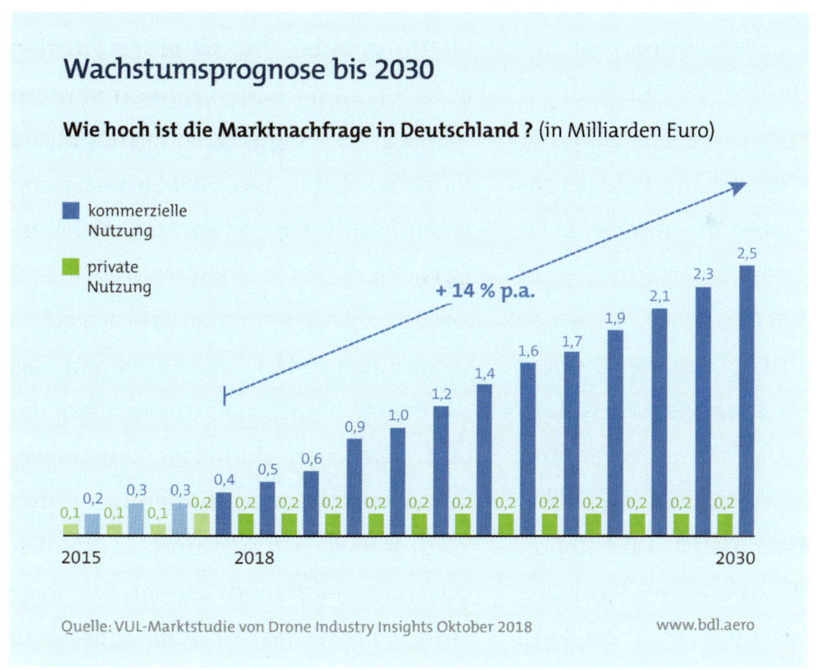

Wachstumsprognose bis 2030: Während die private Nutzung stagnieren wird, erlebt die kommerzielle Nachfrage einen steilen Anstieg mit bis zu 14 Prozent Wachstum pro Jahr. (Quelle: VUL-Marktstudie von Drone Industry Insights)

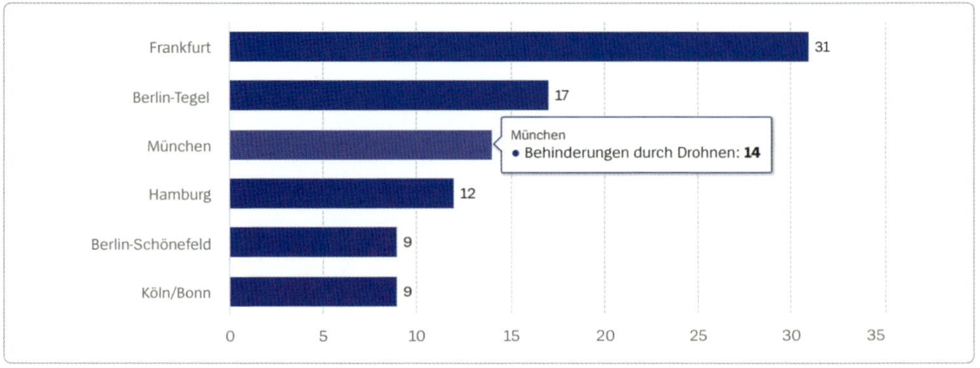

Störungen des Flugverkehrs durch Drohnen in 2018. (Quelle: DFS)

für die, die verantwortungsbewusst ihrem Hobby nachgehen und/oder damit gewerblich arbeiten.

Auf europäischer Ebene gibt es bereits Regeln, die mehr Sicherheit bringen sollen. Die Bundesregierung hat bis Sommer 2020 Zeit, diese Verordnung in nationales Recht umzusetzen. Geregelt werden muss in erster Linie, was Drohnen und ihre Piloten im unteren Luftraum bis 150 Metern tun dürfen – und was eben nicht!

Darüber hinaus ist es zwingend erforderlich, dass ein Managementsystem aufgebaut wird, das die unbemannten Luftfahrzeuge elektronisch registriert, sie identifizierbar macht und ihnen elektronisch Flugbereiche zuweist (Geofencing). Des Weiteren ist geplant, dass sich Drohnen mit technischer Hilfe gegenseitig erkennen und einander ausweichen können.

Um ein für alle funktionierendes Drohnenmanagementsystem zu entwickeln, haben sich die Deutsche Telekom und die DFS zusammengetan. Ihr Gemeinschaftsunternehmen DRONIQ soll eine Plattform anbieten, die einen Einstieg in den kommerziellen Betrieb von unbemannten Fluggeräten ermöglichen möchte. Ob das DRONIQ-System dann wirklich zum Einsatz kommt, steht dabei noch in den Sternen.

Kanzlerin Angela Merkel preist die Einsatzmöglichkeiten der Drohnen als „vielfältig, manchmal zu vielfältig" an und gibt dem Bundesverkehrsministerium gleich einen Wink mit auf den Weg. Man müsse sich dort um die Regulierung kümmern. Es sei aus ihrer Sicht wichtig, dass sich die Fluggeräte nicht gegenseitig behindern und dass die Bevölkerung es akzeptiere.

Leipziger Statement für die Zukunft der Luftfahrt

Am 21. August 2019 haben Entscheidungsträger das Leipziger Statement für die Zukunft der Luftfahrt veröffentlicht. Darin enthalten ist unter anderem auch das Handlungsfeld „Drohnentechnologie". Im Nachfolgenden finden Sie Auszüge aus diesem Statement:

„Die Luftfahrt leistet einen wichtigen Beitrag zur Mobilität, zur wirtschaftlichen Entwicklung, zum technologischen Fortschritt, zur Integration und zum Zusammenwachsen Europas und der Welt. Mit neuen Mobilitätskonzepten wird sich auch die Luftfahrt verändern. Luftfahrt bleibt ein wesentlicher Faktor für den künftigen Wohlstand unserer global vernetzten Volkswirtschaften.

Die Luftfahrt sichert Einkommen und Beschäftigung. Rund 850.000 Arbeitsplätze tragen direkt und indirekt dazu bei, eine Wertschöpfung in Höhe von über 60 Milliarden Euro in Deutschland zu schaffen und zu erhalten. Dies ist auch Ergebnis der erfolgreichen Industriepolitik zum Aufbau einer europäischen Luftfahrtindustrie.

Mit wachsendem Wohlstand nehmen weltweit die Nachfrage nach Luftverkehr und damit auch die Auslastung der Infrastruktur und des Luftraums stetig zu. Gleichzeitig steht die Luftfahrt vor der großen Herausforderung, die Auswirkungen wachsenden Flugverkehrs auf Mensch und Umwelt zu minimieren und einen angemessenen Beitrag zur Erreichung der Ziele des Pariser Klimaschutzabkommens zu leisten. Ebenso dürfen Arbeits-, Sozial- und Sicherheitsstandards nicht unterminiert werden.

Wir begreifen die aktuellen Herausforderungen als Chance, um in Technologie und Forschung Vorreiter zu sein und ökologische Maßstäbe zu setzen. Wir wollen in führender Position zur Entwicklung neuer Technologien und Maßnahmen für Umwelt- und Klimaschutz beitragen, gerade auch mit dem Ziel eines neutralen Fliegens. Den Luftfahrtstandort Deutschland und die Arbeitsplätze in der Luftfahrt wollen wir nachhaltig sichern und stärken. Wir stellen uns neuen Märkten und entwickeln neue Geschäftsmodelle.

...

Unbemannte Systeme und Flugtaxis können einen Beitrag für den umweltfreundlichen Mobilitätsmix der Zukunft leisten. Daneben eröffnen sich Möglichkeiten im Bereich ziviler Drohnentechnologien – gerade auch für Start-ups, kleine und mittelständische Unternehmen. Drohnen sind ein weltweiter Zukunftsmarkt mit der Chance, weltweit bei Industrie und Anwendern Tausende Arbeitsplätze zu schaffen.

Hierbei wird auch der Staat als Referenz- und Leitanwender entscheidende Impulse für die Durchsetzung neuer Technologien und innovativer Drohnenanwendungen setzen.

Die Drone-Economy benötigt eindeutige Rahmenbedingungen: Die Bundesregierung wird gemeinsam mit den Bundesländern zeitnah die Voraussetzungen für die Anwendung der neuen EU-Drohnenverordnungen schaffen.

Wir wollen klare Regeln für die Zulassung, den Betrieb und die sichere Integration von Drohnen in den Luftraum. Wir regeln die Erprobung innovativer Mobilitätskonzepte in Testgebieten. Wir nutzen die jahrzehntelange Erfahrung der bemannten Luftfahrt für die Ausgestaltung autonomer Systeme.

Es ist unser Ziel, sicherzustellen, dass es im Umfeld der Verkehrsflughäfen nicht zu einer Beeinträchtigung des Luftverkehrs kommt. In diesem Sinne arbeiten Behörden, Flugsicherung, Flughafenbetreiber und Luftverkehrsunternehmen zusammen.

Wir verfolgen mit Nachdruck die Einführung einer Registrierungspflicht, den verpflichtenden Einbau manipulationssicherer Technologien für die Nachverfolgbarkeit und die Begrenzung der Bewegungsfreiheit von Drohnen in sicherheitsrelevanten Gebieten.

...

Bundes- und Landesregierungen, Luftfahrt und Gewerkschaften sind sich Ihrer gesellschaftlichen Verantwortung bewusst und werden gemeinsam die aktuellen Herausforderungen in den Bereichen Umwelt-, Lärm- und Klimaschutz, neue innovative Technologien und faire Wettbewerbsbedingungen angehen und meistern."

Unterschrieben von:

Peter Altmaier, Bundesminister für Wirtschaft und Energie, Andreas Scheuer, Bundesminister für Verkehr und digitale Infrastruktur, Michael Kretschmer, Ministerpräsident des Freistaats Sachsen, Kristina Vogt, Senatorin für Wirtschaft, Arbeit und Europa und Vorsitzende der Wirtschaftsministerkonferenz, Tarek Al-Wazir, Staatsminister und stellvertretender Ministerpräsident i. V. für die Vorsitzende der Verkehrsministerkonferenz, Prof. Klaus-Dieter Scheurle, Präsident des Bundesverbands der Deutschen Luftverkehrswirtschaft, Dr. Klaus Richter, Präsident des Bundesverbands der Deutschen Luft- und Raumfahrtindustrie, Jörg Hofmann, Vorsitzender der IG Metall, Christine Behle, ver.di – Mitglied des Bundesvorstands.

Tja, und genau dort liegt ein gravierendes Problem. Die öffentliche Begeisterung zum Beispiel für Paketdrohnen hält sich in Grenzen. Eine repräsentative Telefonbefragung von mehr als 800 Personen ergab, dass 58 Prozent der Teilnehmer dem Einsatz von Paketdrohnen „nicht" oder „überhaupt nicht" zustimmten.

Vollauf begeistert waren lediglich 17 Prozent!

Der deutsche Drohnenmarkt

In Deutschland ist – geschätzt – insgesamt rund eine halbe Million Drohnen im Umlauf. Dabei übersteigt die Zahl der privat genutzten Drohnen die Zahl der kommerziell genutzten Drohnen um das 24-Fache.

Rund 455.000 Drohnen sind in privatem Besitz. Ein knappes Drittel davon machen Spielzeugdrohnen bis zu einem Wert von 300 Euro aus. Die anderen zwei Drittel der privat genutzten Drohnen entfallen auf sogenannte Prosumer-Drohnen (Hobbydrohnen), die mit einer kleinen Kamera ausgestattet sind und von ihren Nutzern unter anderem für Urlaubsbilder und Videos genutzt werden.

Die Zahl der kommerziell genutzten Drohnen ist mit 19.000 wie bereits erwähnt deutlich niedriger. Im Wesentlichen handelt es sich dabei ebenfalls um mit einer Kamera ausgestattete Drohnen mit einem Wert von bis zu 10.000 Euro. Weniger als fünf Prozent der kommerziell genutzten Drohnen sind größere Profidrohnen mit einem Wert über 10.000 Euro.

Professionelle Nutzer setzen ihre Drohnen häufig für mehrere kommerzielle Zwecke ein: Eine Drohne, die Bilder für Film- und Fernsehproduktionen liefert, kann auch ohne Weiteres für Luftaufnahmen im Rahmen des Projektmanagements einer Baustelle eingesetzt werden.

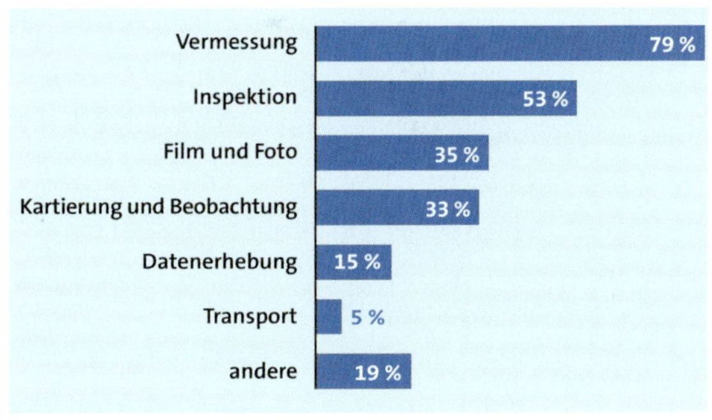

Wozu nutzen Anwender Drohnen im kommerziellen Bereich? (Quelle: VUL-Marktstudie von Drone Industry Insights)

Drohnenanwendungen

An der Spitze der Anwendungen liegt die Vermessung, denn der Markt für Vermessungen ist von extrem niedrigen Margen geprägt. Drohnen helfen hier, Zeit zu sparen und Produktivität und Qualität zu steigern. Auch Inspektions- und Kartierungsaufgaben sind ohne Drohneneinsatz personalintensiv, aufwendig und zum Teil auch gefährlich. Drohnen kommen zunehmend bei der Inspektion von Gebäuden und Infrastrukturen wie Windkraftanlagen und Hochspannungsleitungen zum Einsatz. Die Reifegrade der einzelnen Anwendungen unterscheiden sich stark. Wie sich die Nutzung weiterentwickelt, hängt von technischen Entwicklungen, der Gesetzgebung (unter anderem der Ermöglichung von Flügen außerhalb der Sichtweite), der Infrastruktur und nicht zuletzt der öffentlichen Akzeptanz ab.

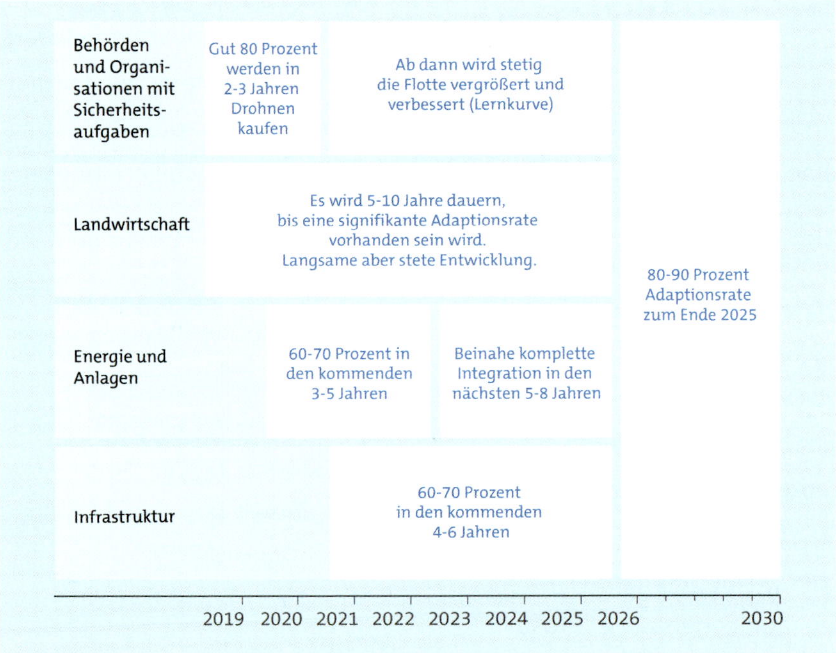

Adaption von Drohnentechnologie – wann werden sich Drohnen in den einzelnen Bereichen durchsetzen? (Quelle: VUL-Marktstudie von Drone Industry Insights)

Drohnenunternehmen in Deutschland – was zeichnet sie aus? (Quelle: VUL-Marktstudie von Drone Industry Insights)

Drohnenunternehmen in Deutschland

Hierzulande gibt es eine große Zahl von Unternehmen, die sich auf die eine oder andere Art mit der unbemannten Luftfahrt beschäftigen. Bei zahlreichen Unternehmen steht das nicht im Zentrum der unternehmerischen Tätigkeit, sondern ist ein Geschäftsfeld von vielen. In Deutschland gibt es jedoch auch knapp 400 Unternehmen, bei denen Drohnentechnologie und unbemannte Luftfahrt im Zentrum stehen.

Diese Unternehmen, die sich in ihrem Kerngeschäft auf unbemannte Luftfahrt fokussieren, sind aufgrund der relativ neuen Technologie von einer starken Start-up-Kultur geprägt. Das zeigt sich in der vergleichsweisen kleinen Belegschaft von durchschnittlich gut zwölf Beschäftigten sowie in dem jungen Alter der Unternehmen von rund drei Jahren. Die von den Unternehmen erzielten Umsätze sind in vielen Fällen noch gering. So liegt der durchschnittliche Jahresumsatz der auf Drohnen spezialisierten Unternehmen bei gerade einmal 330.000 Euro. Allerdings konnten die Umsätze in den vergangenen ein, zwei Jahren deutlich gesteigert werden.

Die knapp 400 Unternehmen, die sich in ihrem Kerngeschäft mit unbemannter Luftfahrt oder Flugtaxis beschäftigen, sind in Deutschland ungleich verteilt: Viele Drohnenunternehmen haben ihren Sitz im Süden und im Westen der Republik. Jedes fünfte Unternehmen stammt aus Bayern. Auch in den Flächenländern Nordrhein-Westfalen, Baden-Württemberg und Hessen gibt es eine Vielzahl von Unternehmen in diesem Bereich.

Überdurchschnittlich viele Drohnenunternehmen gibt es auch in Berlin, das von einer starken Start-up-Kultur geprägt ist und insofern gut zu der jungen Technologie passt, sowie in Hamburg, bekanntlich einem der weltweit größten Standorte der Luft- und Raumfahrtindustrie.

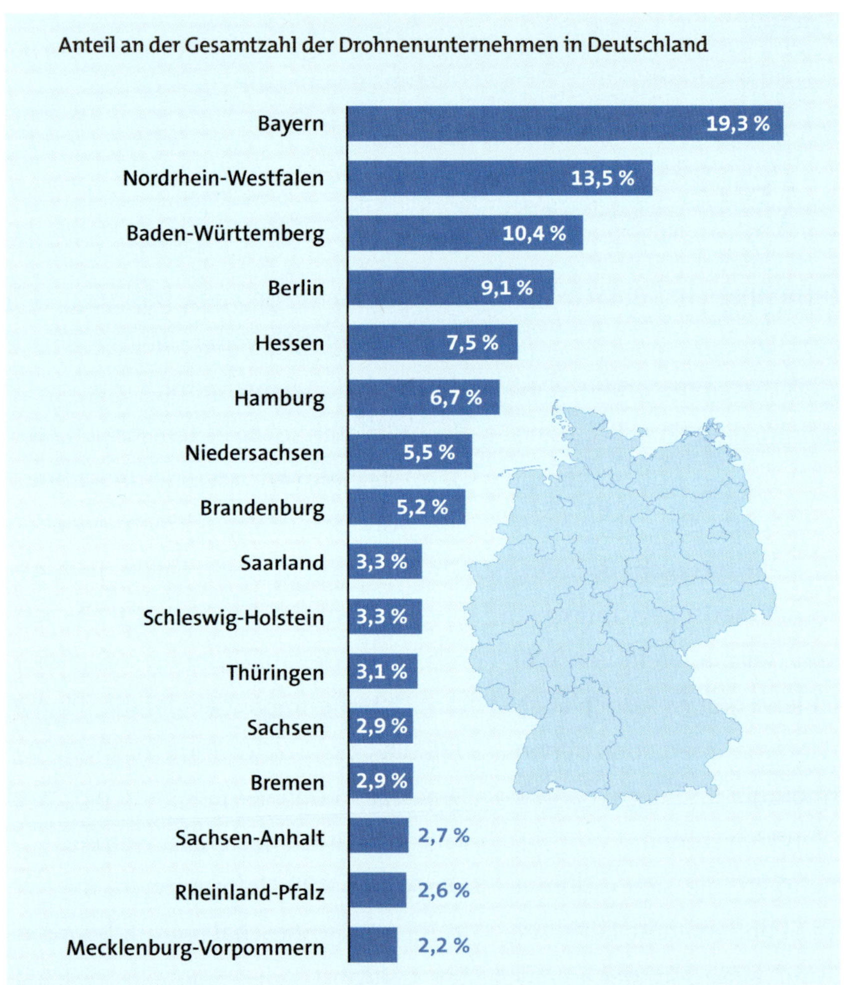

Viele Drohnenunternehmen finden sich eher im Süden Deutschlands. (Quelle: VUL-Marktstudie von Drone Industry Insights)

Investitionen in Urban Air Mobility

Seit 2012 wurden 155 Millionen Euro in deutsche Unternehmen investiert, die sich auf Drohnen und Flugtaxis spezialisiert haben. Dieser Betrag entspricht rund sechs Prozent der globalen Drohnenmarkt-Investitionen im gleichen Zeitrahmen. Dabei stammen nur rund 55 Prozent der Investitionen in deutsche Firmen auch von deutschen Investoren, der Rest kommt aus dem Ausland. Global gesehen, stammen die meisten Investitionen von US-amerikanischen Geldgebern.

Mit rund 60 Prozent entfällt der größte Teil der Investitionen in deutsche Unternehmen auf das Marktsegment der Plattformhersteller, also jener Firmen, die Drohnen oder Flugtaxis herstellen. Der Rest verteilt sich auf die Bereiche Drohnenabwehr, Services und Software.

Die Investitionen konzentrieren sich auf den Bereich Urban Air Mobility und bringen Deutschland damit international auf Platz zwei bei den Investitionen in diesem Bereich. Die beiden

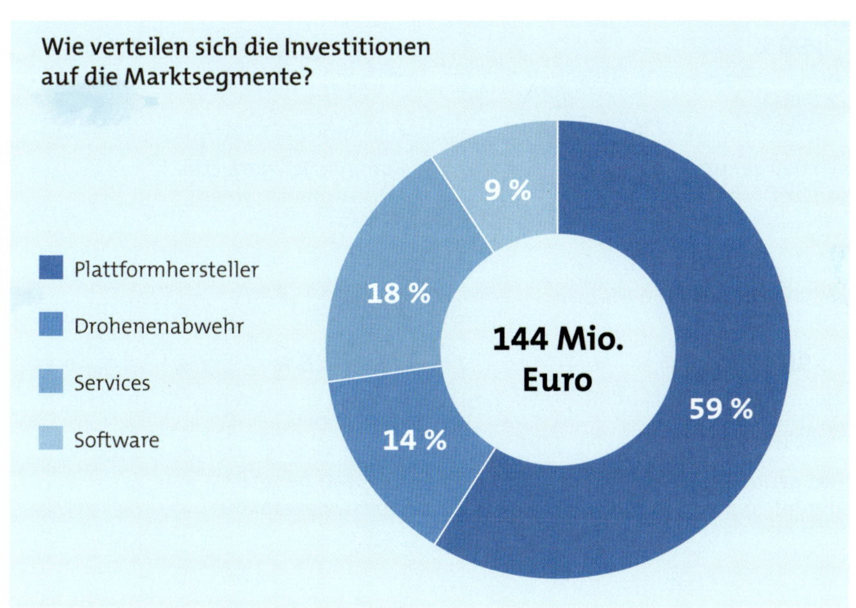

Investitionen in deutsche Drohnenunternehmen – rund 60 Prozent der Investitionen bekommen die Plattformhersteller. (Quelle: VUL-Marktstudie von Drone Industry Insights)

Flugtaxi-Start-ups Lilium und Volocopter konnten größere Investitionen für sich verbuchen. Ein drittes Unternehmen aus diesem Marktsegment, Dedrone, hat mittlerweile seinen Hauptsitz ins US-amerikanische Silicon Valley verlegt. Jenseits des Marktsegments Urban Air Mobility sind die Investitionen in deutsche Drohnenunternehmen eher gering.

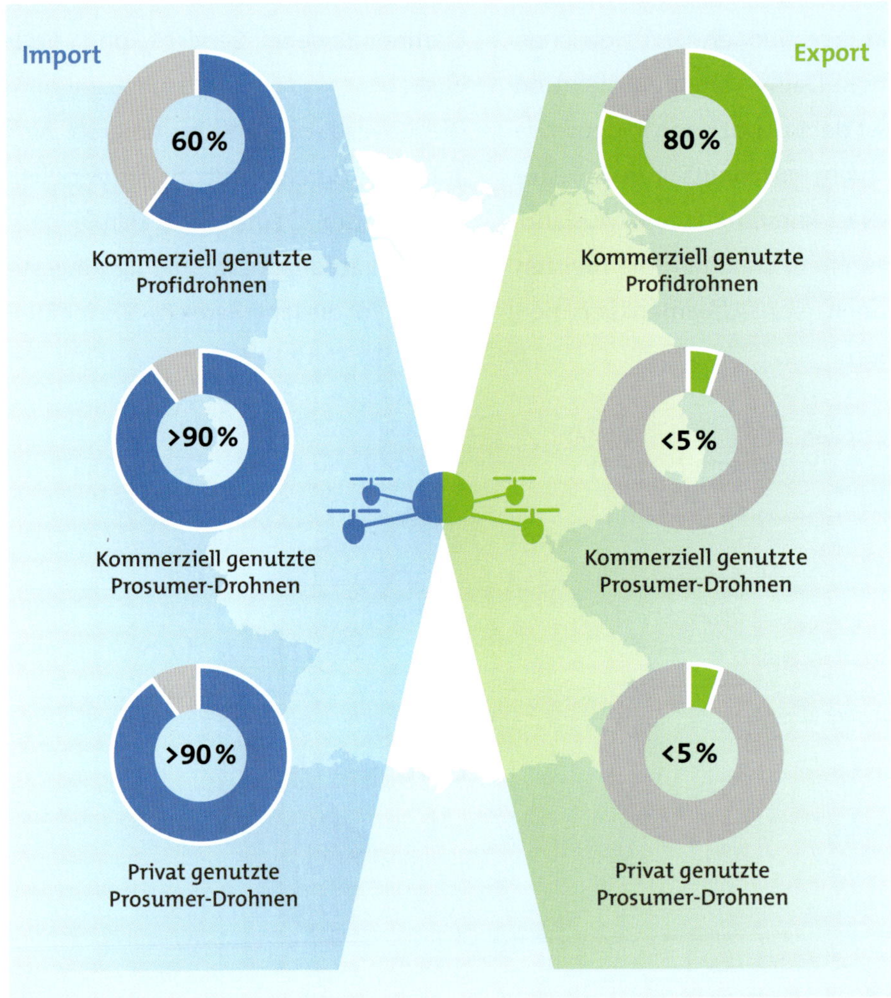

Im- und Exportquoten im deutschen Drohnenmarkt. (Quelle: VUL-Marktstudie von Drone Industry Insights)

Starker internationaler Handel

Die Drohnenwirtschaft ist von einem starken internationalen Handel geprägt: Viele Produkte werden exportiert und kommen in anderen Ländern zum Einsatz als in ihren Produktionsländern. Drohnen von deutschen Herstellern sind im Ausland gefragt. Das zeigt die hohe Exportquote von 80 Prozent bei Profidrohnen, also größeren Drohnen mit einem Wert ab 10.000 Euro. Allerdings stammen rund 60 Prozent der Profidrohnen, die in Deutschland im kommerziellen Einsatz sind, ebenfalls aus dem Ausland und wurden importiert. Die Mehrzahl der hochwertigen Drohnen im deutschen Markt wurde also von ausländischen Herstellern produziert.

Prosumer-Drohnen für die kommerzielle und private Nutzung, also mit einer Kamera ausgestattete Drohnen, werden fast ausschließlich importiert. Die hohe Import- und niedrige Exportquote zeigt den Mangel an Herstellern von Prosumer-Drohnen in Deutschland, ist aber auch auf die Marktmacht weniger großer Anbieter wie beispielsweise DJI, Yuneec etc. zurückzuführen, die den weltweiten Prosumer-Markt bestimmen.

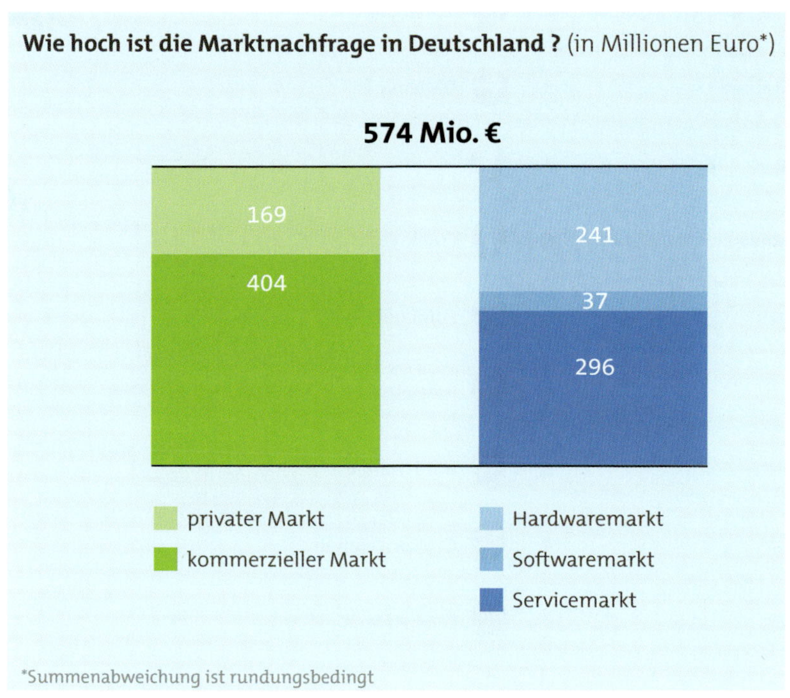

Größe und Struktur des deutschen Drohnenmarkts. (Quelle: VUL-Marktstudie von Drone Industry Insights)

Der deutsche Drohnenmarkt wird auf insgesamt 574 Millionen Euro geschätzt. Dabei entfallen 404 Millionen Euro auf den kommerziellen und 169 Millionen Euro auf den privaten Drohnenmarkt. Der Hardwaremarkt macht 241 Millionen Euro der Marktnachfrage aus. Dieses Segment umfasst zum Beispiel private und kommerzielle Drohnen sowie zusätzliche Komponenten und Systeme. Aktuell liegt der kommerzielle Anteil bei 31 Prozent, der private Anteil bei 69 Prozent.

Kommerzieller Markt im europäischen Vergleich

Wie groß ist die Marktnachfrage in europäischen Drohnenmärkten?

Absolute Marktgröße		Relative Marktgröße pro Arbeitnehmer	
1.	Frankreich	1.	Schweiz
2.	Deutschland	2.	Norwegen
3.	Großbritannien	3.	Dänemark
4.	Schweiz	4.	Irland
5.	Niederlande	5.	Frankreich
6.	Norwegen	6.	Finnland
7.	Italien	7.	Belgien
8.	Belgien	8.	Niederlande
9.	Dänemark	9.	Großbritannien
10.	Spanien	10.	Deutschland

Kommerzieller Markt im europäischen Vergleich. (Quelle: VUL-Marktstudie von Drone Industry Insights)

Der Softwaremarkt ist mit 37 Millionen Euro vergleichsweise klein. Hierzu gehört zum Beispiel Software für Flugplanung, Flugdurchführung und Datenverarbeitung. Der Softwaremarkt ist zu 95 Prozent ein kommerzieller und nur zu fünf Prozent ein privater Markt.

Der Servicemarkt ist mit 296 Millionen Euro das größte Segment. Hierzu zählen zum Beispiel alle Dienstleistungen, die mit Drohnen von sämtlichen Unternehmen in allen Industriebereichen erbracht werden. Der Servicemarkt ist zu 100 Prozent dem kommerziellen Drohnenmarkt zuzurechnen.

Wie groß ist die Marktnachfrage in internationalen Drohnenmärkten?

Absolute Marktgröße		Relative Marktgröße pro Arbeitnehmer	
1.	USA	1.	Schweiz
2.	China	2.	Norwegen
3.	Frankreich	3.	USA
4.	**Deutschland**	4.	Australien
5.	Großbritannien	5.	Neuseeland
6.	Australien	6.	Israel
7.	Japan	7.	Dänemark
8.	Kanada	8.	Irland
9.	Schweiz	9.	Frankreich
10.	Korea	10.	Singapur
		17.	**Deutschland**

Kommerzieller Markt im internationalen Vergleich. (Quelle: VUL-Marktstudie von Drone Industry Insights)

Auf der Basis von Daten für 21 europäische Länder wurde ein Ranking der größten kommerziellen Drohnenmärkte in Europa entwickelt. Der gesamte europäische Markt stellt mit 20 Prozent des Weltmarkts nach Nordamerika den zweitgrößten Drohnenmarkt dar. Nach absoluten Zahlen ist Deutschland mit 404 Millionen Euro hinter Frankreich der zweitgrößte kommerzielle Drohnenmarkt in Europa. Dabei machen Frankreich, Deutschland und Großbritannien zusammen fast 60 Prozent des europäischen Drohnenmarkts aus. Mit etwas Abstand folgen dann die Schweiz, die Niederlande, Norwegen und Italien.

Legt man dem Ranking nicht die absolute Größe des Markts zugrunde, sondern die Größe des Markts pro Arbeitnehmer, relativiert sich die starke Position Deutschlands. Hier liegen die Schweiz und Norwegen vorne, Deutschland befindet sich auf Platz zehn.

Die Schweiz zeichnet sich durch große Software- und Hardwareunternehmen aus, die den Einsatz von kommerziellen Drohnen positiv beeinflussen. In Norwegen sorgt eine förderliche Gesetzgebung für eine Vielzahl an Drohnenbetreibern, was die Nachfrage für Drohnentechnologie vorantreibt.

Auf der Basis von Daten für 63 Länder wurde ein Ranking der weltweit größten kommerziellen Drohnenmärkte entwickelt. Die USA und China stellen die größten Drohnenmärkte dar. Zusammen machen allein diese beiden Staaten rund zwei Drittel des kommerziellen Drohnenmarkts weltweit aus. In beiden Ländern sind die Rahmenbedingungen für den Einsatz von Drohnentechnologie weiter fortgeschritten als in vielen anderen Ländern – etwa was die Ermöglichung von Drohnenflügen außerhalb der Sichtweite des Piloten und die Erteilung von Aufstiegsgenehmigungen betrifft. Hinter den USA und China folgen – mit großem Abstand – die drei europäischen Länder Frankreich, Deutschland und Großbritannien.

Legt man dem Ranking nicht die absolute Größe des Markts zugrunde, sondern die Größe des Markts pro Arbeitnehmer, liegen die Schweiz und Norwegen auch im internationalen Vergleich ganz vorn. Deutschland landet auf Platz 17.

Seit 2015 hat sich die Anzahl der Drohnen in Deutschland annähernd verdreifacht. Dabei haben vor allem die privat genutzten Drohnen stark zugelegt. Drone Industry Insights hat auf Basis eines Marktmodells die weitere

Entwicklung prognostiziert und dabei auch den Verschleiß von Drohnen berücksichtigt. Die Zahlen beziehen sich also immer darauf, wie viele Drohnen im jeweiligen Zeitraum theoretisch einsatzbereit sind.

Insgesamt wird sich die Zahl der im Umlauf befindlichen Drohnen bis 2030 um 79 Prozent auf insgesamt 847.000 Stück erhöhen. Im Segment der privaten Nutzung wird in den nächsten zwei, drei Jahren noch starkes Wachstum prognostiziert. Dieses reduziert sich dann aber deutlich, sodass ab Mitte des nächsten Jahrzehnts kaum noch Zuwächse zu verbuchen sind. Insgesamt wird die Zahl der privat genutzten Drohnen von 2018 bis 2030 um 58 Prozent auf 721.000 Drohnen steigen.

Anders verläuft die Entwicklung im kommerziellen Segment: Von 2018 bis 2030 wird die Zahl kommerziell genutzter Drohnen um 563 Prozent auf 126.000 steigen. Während in Deutschland zurzeit nur eine von 24 Drohnen kommerziell betrieben wird, wird es im Jahr 2030 eine von sechs Drohnen sein.

Dynamische Entwicklung prognostiziert

Die Prognose zur Entwicklung des deutschen Drohnenmarkts fußt auf der Annahme, dass nun auf europäischer und nationaler Ebene die neuen und anstehenden Regulierungen umgesetzt werden, die nötig sind, um das Potenzial der Technologie stärker ausschöpfen zu können, beispielsweise was Drohnenflüge außerhalb der Sichtweite betrifft etc.

Demnach wird sich der deutsche Drohnenmarkt bis zum Jahr 2030 sehr dynamisch entwickeln. Der Gesamtmarkt (kommerziell und privat) beträgt heute 574 Millionen Euro und soll bis 2030 auf geschätzte rund drei Milliarden Euro anwachsen, was einer jährlichen durchschnittlichen Wachstumsrate von 14 Prozent entspricht.

Der kommerzielle Markt wird auf fast 2,5 Milliarden Euro steigen, also durchschnittlich um 16 Prozent pro Jahr. Dabei soll der kommerzielle Hardwaremarkt um durchschnittlich 19 Prozent pro Jahr wachsen, der kommerzielle Softwaremarkt um 22 Prozent und der kommerzielle Servicemarkt um 14 Prozent.

Im privaten Markt zeichnet sich hingegen eine Verlangsamung des Wachstums ab. Er ist 170 Millionen Euro groß und wird bis 2030 auf etwa 220 Millionen Euro wachsen, also um etwa zwei Prozent pro Jahr.

In Deutschland steht die große Phase der Adaption von Drohnentechnologie noch bevor. Ab 2026 werden Drohnen in den wesentlichen kommerziellen Anwendungsbereichen flächendeckend im Einsatz sein. Doch bis dahin wird mit unterschiedlichen Adaptionsraten und -geschwindigkeiten in den einzelnen Sektoren gerechnet. Das liegt vor allem an regulativen Fragen und an der benötigten Infrastruktur.

Im Bereich der Sicherheitsbehörden und -organisationen wird beispielsweise die Adaption schnell erfolgen, da dieser Bereich durch Sondererlaubnisse weniger Probleme mit den gesetzlichen Rahmenbedingungen hat.

Im Bereich Landwirtschaft ist die notwendige Infrastruktur für den Drohneneinsatz der limitierende Faktor, der dazu führt, dass Drohnentechnologie nur langsam zum Einsatz kommt.

Im Energie- und Infrastruktursektor sind für eine sinnvolle Nutzung von Drohnen häufig weite Flugdistanzen erforderlich (zum Beispiel für die Inspektion von Bahngleisen), dem stehen aber aktuell noch regulatorische Hindernisse im Weg, etwa eine fehlende gesetzliche Grundlage für Drohnenflüge außerhalb der Sichtweite. Dies führt zu einer verzögerten Adaption der Technologie in diesen Bereichen.

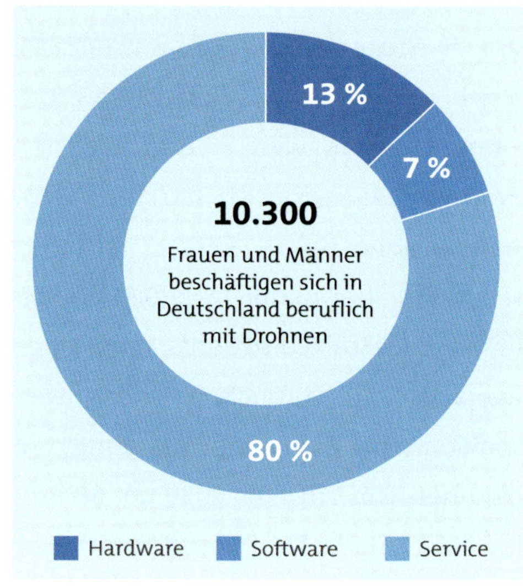

Beschäftigte in der unbemannten Luftfahrt: Rund 80 Prozent sind im Dienstleistungsbereich angesiedelt. (Quelle: VUL-Marktstudie von Drone Industry Insights)

80 Prozent im Servicesegment tätig

Rund 10.300 Menschen beschäftigen sich in Deutschland in ihrem Beruf schwerpunktmäßig mit Drohnen. Mit 80 Prozent ist der überwiegende Teil der Beschäftigten im Marktsegment Service tätig. Das umfasst vor allem Personen, die Hardware und Software kommerziell anwenden, um damit Dienstleistungen für andere Unternehmen zu erbringen, aber auch Bereiche wie Forschung und Entwicklung, Wartung und Reparatur sowie Beratung. Unter dieses Segment fallen auch Beschäftigte von Unternehmen, die sich nicht in ihrem Kerngeschäft mit Drohnen beschäftigen, in denen aber einzelne Angestellte mit entsprechenden Aufgaben betraut sind.

Rund 13 Prozent der Beschäftigten in der Drohnenwirtschaft arbeiten im Marktsegment Hardware. Dieses umfasst die Herstellung von Drohnen und Flugtaxis, die Herstellung von einzelnen Komponenten und Zubehör sowie die Arbeit an mit unbemannter Luftfahrt verbundenen Systemen: Bodenkontrollsystemen, Navigationssystemen, Drohnenabwehrsystemen etc. Im internationalen Vergleich ist der Anteil im Segment Hardware eher hoch.

Die verbleibenden sieben Prozent der Beschäftigten sind im Marktsegment Software tätig. Sie entwickeln und implementieren Softwarelösungen für Flugsteuerung, Flugplanung, Datenauswertung, Training etc.

Der neue Trendberuf

Drohnen vermessen Landschaften, sorgen für spektakuläre Luftaufnahmen und transportieren Gegenstände wie beispielsweise Pakete oder Medikamente. Gesteuert werden sie aus der Ferne von Drohnenpiloten oder neuerdings: dem Fernpiloten. Wer sein Handwerk beherrscht, hat hervorragende Jobchancen. Bereits heute sind zahlreiche Start-ups auf Erfolgskurs und dabei, die kommerzielle Zukunft einer sehr jungen Technologie mitzugestalten, die noch vor wenigen Jahren wie Science-Fiction klang.

Fernpilot

Der Fernpilot einer Drohne ist eine natürliche Person, die für die sichere Durchführung eines Drohnenflugs verantwortlich ist. Der Fernpilot nimmt die Steuerung entweder manuell vor oder überwacht bei einem automatisierten Betrieb den Kurs der Drohne. Er bleibt dabei aber stets in der Lage, jederzeit manuell einzugreifen, um Gefahrensituationen zu entschärfen.

Die Drohnentechnik entwickelt sich rasant. Ursprünglich nur vom Militär genutzt, um Ziele auszuspähen oder den Feind zu bombardieren, ohne dass dazu ein Soldat vor Ort sein muss, bringt sie im Zivilbereich ein ganz neues Berufsfeld mit sich: Drohnenpiloten, die für die Planung und Steuerung der Flüge zuständig sind, haben aktuell und in Zukunft beste Chancen auf dem Arbeitsmarkt.

Das zeigt folgender Vergleich: Während die Bundeswehr über knapp 600 Drohnen verfügt, sind laut *Branchenverband Zivile Drohnen* (BVZD) in Deutschland bis zu 1,5 Millionen ferngesteuerte Fluggeräte außerhalb des Militärs im Einsatz. Rund zehn Prozent davon werden gewerblich genutzt. „Tendenz stark steigend", so der BVZD.

Zwar gibt es rechtlich noch eine Menge zu regeln – zum Beispiel, wer bei Unfällen haftet und wo die Drohnen in dicht besiedelten Gebieten überhaupt fliegen dürfen. Dennoch beschäftigen sich bereits große Unternehmen aus der Logistikbranche wie die Deutsche Post und Amazon intensiv mit der Möglichkeit, Waren schnell und kostengünstig durch die Luft zu befördern.

Für den reibungslosen Ablauf eines Drohnenflugs sind die Fernpiloten zuständig: Abhängig davon, welche Informationen generiert oder welche Bilder aufgenommen werden sollen, planen die Steuerer den Flug und müssen dabei besonders Tageszeit und Wetterbedingungen berücksichtigen.

Auch die Verarbeitung und Auswertung der gesammelten Informationen fällt häufig in den Verantwortungsbereich der Piloten. Drüber hinaus müssen Fernpiloten genügend Zeit einplanen, um das Fluggerät zu warten und ihre eigenen Fähigkeiten weiter zu trainieren.

Fernpilot ist (noch) keine geschützte Berufsbezeichnung, und es gibt auch keine offizielle Ausbildungsordnung wie etwa für den Berufsabschluss als Pilot. Und so sind es neben ehemaligen Soldaten (darunter ausgebildete Piloten für Transport- oder Kampfflugzeuge) meist Hobbypiloten, die sich über spezielle Weiterbildungen wie die Erlangung des Kenntnisnachweises für den Job qualifizieren.

Viele der Quereinsteiger sind auch Maschinenbauingenieure. Andere arbeiten als Vermessungstechniker, Fotografen, Kameraleute oder IT-Experten. Fernpiloten sind häufig selbstständige Unternehmer und werden gezielt für einzelne Aufgaben beauftragt, wie etwa die Vermessung von Gebäudeteilen, die Inspektion von Industrieanlagen oder auch für Filmaufnahmen aus der Luft – allesamt Tätigkeiten, die früher nur sehr aufwendig durchführbar waren.

Wer eine Drohne lenken möchte, die mehr als zwei Kilogramm wiegt, braucht dafür seit 2018 den sogenannten „Drohnenführerschein". Der setzt neben dem praktischen Training auch mehrere Stunden theoretische Schulung voraus und kann – je nach Vorkenntnis des Prüflings – ab etwa 300 Euro bei Flugschulen erworben werden, die vom Luftfahrt-Bundesamt anerkannt sein müssen.

Kenntnisnachweis

Der Kenntnisnachweis ist die Bescheinigung über eine bestandene Prüfung zum Nachweis ausreichender Kenntnisse zum Steuern von unbemannten Fluggeräten gemäß § 21a Abs. 4 Satz 3 Nr. 2 der Luftverkehrs-Ordnung (LuftVO). Diese Bescheinigung ist beim Betrieb von unbemannten Fluggeräten von mehr als zwei Kilogramm Startmasse vom Steuerer im Original zusammen mit einem amtlichen Lichtbildausweis mitzuführen. Ausgestellt werden kann der Kenntnisnachweis, auch als Drohnenführerschein bekannt, von einer vom Luftfahrt-Bundesamt (LBA) anerkannten Prüfungsstelle. Ab frühestens Sommer 2020, spätestens Sommer 2022, wird der deutsche Kenntnisnachweis aufgrund der neuen und bereits geltenden EU-Drohnenverordnung vom EU-Führerschein abgelöst. Inhaber des Kenntnisnachweises müssen dann spätestens 2022 eine erneute Prüfung ablegen, um den EU-Führerschein ausgestellt zu bekommen.

Wer sein Handwerk beherrscht, hat also vielversprechende Berufsaussichten. Vor allem im Bereich der Drohnenliefertechnologie, also der technischen Infrastruktur, um Drohnenlieferungen zu steuern und zu koordinieren, werden sich weitere Jobperspektiven ergeben. Gute Aussichten für Start-ups – und für alle Nachahmer, die gern in die Luft gehen möchten!

UAV-Piloten werden derzeit deutschlandweit gebraucht, und dementsprechend gut ist auch die Auftragslage. Das setzt natürlich voraus, dass man eine gewisse Reisebereitschaft mitbringt. Die Stundensätze für Flüge liegen aber in der Regel hoch bis sehr hoch. Für erfahrene Piloten mit entsprechendem Equipment boomt dieser Bereich gerade regelrecht.

Je besser der Fernpilot ausgebildet ist, desto höher sind die Chancen auf einen sicheren Job.

Canon EOS 80D | 1/125 s | f/10 | 29 mm

3 DIE BIG PLAYER **AM HIMMEL**

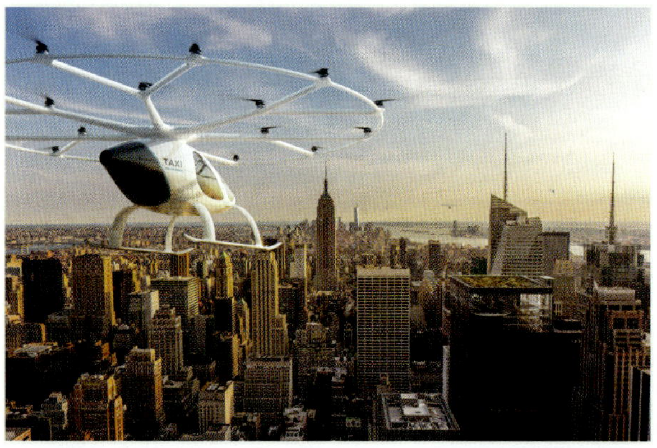
TAXI

3

Die Big Player am Himmel

Mehr Ambitionen gefordert

Die Big Player wie NASA, Daimler, Porsche, Intel, Airbus, DHL, Amazon, Porsche, Google, Geely, Hyundai, Uber, Bell und Boeing scharren bereits heftig mit den Füßen, um künftig im Luftraum mitmischen zu können. Aber auch kleinere Unternehmen, die von Investments der Big Player ins Leben gerufen wurden, sind dabei, um die urbane Mobilität künftig mitzugestalten. Ein interessantes Marktsegment, in dem sich auch für Fernpiloten neue berufliche Perspektiven erschließen können.

Sie alle richten ihre Augen und Hoffnungen derzeit auf einen Mann: Thomas Jarzombek. Als Koordinator der Bundesregierung für die deutsche Luft- und Raumfahrt ist er schnell zu einer wichtigen Größe für die weitere positive Entwicklung der Drohnenwirtschaft geworden – nicht zuletzt, weil er zudem als Beauftragter des Bundeswirtschaftsministeriums für die Digitale Wirtschaft und Start-ups an einer für den jungen Industriezweig entscheidenden Schnittstelle sitzt.

Dementsprechend aufmerksam verfolgt die Branche, was der Politiker diesbezüglich zu sagen hat. Und das dürfte den meisten Marktteilnehmern zunächst einmal ganz gut gefallen, schließlich macht der Koordinator keinen Hehl daraus, welch großes Potenzial er in der kommerziellen Nutzung von zivilen Drohnen sieht: „Ich bin mir sicher, dass Drohnen in zentralen Bereichen der Gesellschaft Fuß fassen werden. Ob bei Polizei, Feuerwehr oder im industriellen Einsatz – die Vorteile von Drohnen liegen schon heute auf der Hand."

Grundsätzlich zufrieden ist der studierte Wirtschaftswissenschaftler mit den gesetzlichen Rahmenbedingungen, die er als einen der wesentlichen Faktoren für den künftigen Erfolg der deutschen Drohnenwirtschaft im globalen Wettbewerb ausgemacht hat.

„Mit der neuen EU-Drohnenverordnung bekommen wir ein sehr fortschrittliches Zulassungsregime", findet der gebürtige Düsseldorfer. „Es unterscheidet nicht mehr stur zwischen kommerzieller und Hobbyfliegerei, sondern nimmt das Risiko der konkreten Drohnenmission in den Blick."

Aber Thomas Jarzombek sieht auch noch Luft nach oben, wenn es darum geht, dass die öffentliche Hand Impulse für die Marktdurchdringung innovativer Drohnenanwendungen setzt. Anlass zur Nachbesserung sieht der CDU-Politiker mit Blick auf die Luftfahrtstrategie der Bundesregierung von 2013, in der sich „wesentliche technologische und ökonomische Entwicklungen" nicht wiederfinden, obwohl diese ja gerade erst sechs Jahre alt ist. „Aus diesem Grund ergibt sich also deutlicher Handlungsbedarf. Denn wahrscheinlich werden Flugtaxis oder eVTOLs (*electric Vertical Take-Off and Landing*) noch nicht allzu bald unseren Alltag bestimmen – aber mehr Ambition ist hier angezeigt."

Das sehen auch die Schwergewichte dieser Branche so! Vieles steckt noch zu sehr in den Kinderschuhen, nicht nur bedingt durch gesellschaftliche Vorbehalte, sondern auch aufgrund bisher nicht geeigneter gesetzlicher Vorgaben. Diese beschränken Drohneneinsätze weitestgehend auf den Sichtbereich des Fernpiloten. Darüber hinaus ist nicht nachvollziehbar, warum ein Kleinflugzeug beispielsweise über Menschenansammlungen oder Naturschutzgebiete hinwegfliegen darf, eine Drohne aber nicht! Ebenso problematisch ist es, dass die bemannte und unbemannte Luftfahrt keine gemeinsame Basis für eine Kommunikation miteinander haben.

Probleme, die es nun gilt, ambitioniert zu lösen. Dafür steht heute die neue EU-Drohnenverordnung als Basis, auf der die weitere Entwicklung aufgebaut werden kann. Dementsprechend ist davon auszugehen – auch wenn Branchen-Insider aktuell noch auf die Bremse treten –, dass spätestens in zehn Jahren auch in Deutschland Paketdrohnen und Lufttaxis im Alltag Fuß fassen werden.

Was es bereits alles an Innovationen in diesem Bereich gibt, soll im Nachfolgenden an ein paar Beispielen dargestellt werden.

TAXI

Ein Lufttaxi der Zukunft: der VoloCity von der Volocopter GmbH aus Bruchsal.

Revolutionäre Technologie

Auch die bemannte Luftfahrt steht vor einem Wandel. Pläne von kleineren Fluggesellschaften wie etwa die Inselflieger, ihre Flotte auf Elektrobetrieb umzustellen, stecken zwar noch in den Kinderschuhen, aber erste Entwicklungen zeigen, dass es geht und auch funktioniert.

An derartigen Entwicklungen arbeitet unter anderem das Zweibrücker Unternehmen Lange Research Aircraft GmbH. Das Unternehmen hat den Antares E2 konzipiert und gebaut, ein hocheffizientes hybridelektrisches Flugzeug, geeignet für bemannte wie auch unbemannte Missionen. Der Entwickler verspricht eine lange Lebensdauer, eine hohe Nutzlast (200 kg), eine große Ausdauer (bis zu 40 Stunden am Stück), extreme Zuverlässigkeit und einen nahezu geräuschlosen Betrieb.

Der Antares E2 verwendet einen revolutionären elektrischen Antriebsstrang, bestehend aus Brennstoffzellen und Elektromotoren mit mehrfacher Redundanz. Dies ergibt eine Kombination

Der Antares E2 – Spannweite 23 m, 1.650 kg maximal zulässige Startmasse, 200 kg Zuladungsvolumen, Reichweite 5.400 km und Flugzeiten von bis zu 40 Stunden. (Bild: Lange Research Aircraft)

Der VoloCity bei seinem europäischen Premierenflug über dem Mercedes-Benz-Museum in Stuttgart. (Bild: Volocopter GmbH)

aus hoher Lebensdauer und hoher Zuverlässigkeit, sodass teure Sensornutzlasten sicher und länger transportiert werden können. Eingebaute Fähigkeiten für raues Wetter kombiniert mit der Möglichkeit, sowohl bemannte als auch unbemannte Anwendungen zu fliegen, geben dem Flugzeug ein hohes Maß an Einsatzbereitschaft und Flexibilität.

Die Traglastkapazität des Antares E2 ermöglicht die Installation eines umfassenden Satzes von Sensor- und Kommunikationssystemen, wodurch er sich für eine Vielzahl von Anwendungen eignet. Antares E2 – ein entscheidender Faktor bei der Fernerkundung und im Krisenmanagement.

Premiere in Europa

Der Begriff „Lufttaxi" ist derzeit fast in aller Munde, und sie schwirren auch schon durch Lufträume, wenn auch nur zur Probe oder zur Vorstellung. Im Herbst 2019 konnten zahllose Schaulustige in Stuttgart eine exklusive Premiere mitverfolgen: ein erster urbaner Flug des VoloCity in Europa am Mercedes-Benz-Museum! Dieser Flug war das Highlight des Events „Vision Smart City – Mobilität der Zukunft heute erleben".

Oft wünschen sich Autofahrer, Flügel ausklappen zu können und abzuheben. Über verstopfte Straßen einfach hinwegzuschweben, war bislang allerdings nur eine Fantasie, die einem im lästigen Stau durch den Kopf ging. Doch schon bald könnte sich das ändern.

Das niederländische Unternehmen Pal-V will die ersten Exemplare seines Flugautos ausliefern. Bei dem Gefährt kann man einen Rotor ausklappen, und es soll bis zu 500 Kilometer weit fliegen können. Neben dem Preis von einer halben Million Euro gibt es jedoch einen weiteren Haken: Auch wenn das Flugauto zugelassen wird, darf es nicht einfach auf der Autobahn in die Luft gehen. Dazu müssen die Besitzer auf die Startbahn eines Flugplatzes – und so bleibt es eine Spielerei für vermögende Hobbypiloten. Die könnten dann künftig, statt noch mal am Flugplatz ins Auto umzusteigen, direkt ihr fliegendes Auto in der heimischen Garage abstellen.

Lufttaxis werden dagegen bessere Chancen eingeräumt. Sie sollen künftig die Mobilität in Metropolen verändern, wie einst S- oder U-Bahnen. „Vor 100 Jahren verschwand der Stadtverkehr unter der Erde, nun haben wir die technischen Möglichkeiten, ihn in die Luft zu bringen", sagt Airbus-Chef Tom Enders. Zahlreiche Unternehmen arbeiten derzeit an solchen neuartigen Fluggeräten, von Start-ups wie Volocopter mit Partner Mercedes-Benz und Lilium über Airbus bis hin zum amerikanischen „Taxischreck" Uber.

Meist ist es eine Art bemannte Drohne, die mit Elektroantrieb senkrecht starten kann. Verschiedene Prototypen haben bereits erfolgreiche Testflüge absolviert, erst vor wenigen Tagen hob das Lufttaxi Vahana von Airbus zum Jungfernflug ab.

Dabei ist der Flugzeugbauer vergleichsweise spät dran. Volocopter tüftelt schon seit sieben Jahren an seinem Fluggerät. Der VoloCity erinnert an einen

Das Airbus-Modell Vahana hat erste Tests bereits erfolgreich absolviert. (Bild: A3/Airbus)

Hubschrauber. Doch statt von einem riesigen Rotor wird er von insgesamt 18 kleinen angetrieben, die man sonst von Drohnen kennt. Dadurch soll der elektrisch angetriebene sogenannte Multicopter im Vergleich zu herkömmlichen Hubschraubern viel effizienter, sicherer und auch leiser sein.

„Die Akzeptanz beim Einsatz in Städten wird auch stark von der Lautstärke abhängen", sagt Alexander Zosel, Mitgründer und technischer Mastermind hinter dem VoloCity. Im Gegensatz zum infernalischen Rattern eines Helikopters erzeuge der VoloCity lediglich ein „angenehmes Brummen".

2018 hatte das Emirat Dubai die Deutschen für einen Testflug eingeladen. Auch der Kronprinz kam dazu, setzte den Termin jedoch auf 14 Uhr. „Während der Mittagshitze in der Wüste herrschen nicht die optimalsten Bedingungen", sagt Zosel. Glücklicherweise kam man mit den schwierigen Verhältnissen der aufgeheizten Luft zurecht –schließlich hofft das deutsche Team auf einen Großauftrag von Dubai.

Das fliegende Auto aus der niederländischen Schmiede Pal-V. (Bild: Pal-V)

Das Emirat will 2030 ein Viertel des gesamten Verkehrs autonom abwickeln und einen Teil davon auch in der Luft. In den kommenden Jahren will Dubais Verkehrsbehörde dafür mit Volocopter den Aufbau eines Lufttaxi-Diensts testen. Doch auch andere Metropolen sind mittlerweile neugierig geworden und interessiert. „Ich gehe davon aus, dass es in zwei, drei Jahren die ersten kommerziellen Demonstrationsstrecken geben wird", sagt Zosel.

Volocopter hat inzwischen hochkarätige Partner und Geldgeber mit im Boot, um seine ambitionierten Ziele zu erreichen: Die Konzerne Geely, Intel und

Daimler sind mittlerweile bei Volocopter mit millionenschweren Investments eingestiegen.

Die chinesische Geely-Gruppe, unter anderem ein Autokonzern aus Hangzhou – Volvo-Mutter sowie Großaktionärin bei Daimler –, und Volocopter wollen unter anderem ein Joint Venture gründen, um neue Konzepte für städtische Luftmobilität nach China zu bringen.

Die Konkurrenz für die Deutschen ist groß: Das chinesische Flugtaxi-Start-up EHang will nach 2.000 Testflügen schon in diesem Jahr den Regelbetrieb aufnehmen. In der chinesischen Metropole Guangzhou sollen dann autonome Flugtaxis Passagiere von A nach B befördern.

„Aus dem Traum vom Fahren wird der Traum vom Fliegen", so Vertreter der Daimler AG. Und so wie jetzt die meisten klassischen Taxis von Daimler stammen, wollen die Stuttgarter auch dabei sein, wenn sich der Verkehr tatsächlich einmal mit einem VoloCity „in die dritte Dimension" verlagert.

Ein großer Knackpunkt ist dabei wie bei den kleinen Drohnen die Regulierung. Die Flugtaxis sollen im niedrigen Luftraum, also unterhalb von sonstigen Flugzeugen, unterwegs sein. Luftfahrtbehörden in verschiedenen Ländern beschäftigen sich bereits mit möglichen Regularien. Eine Herausforderung dabei ist, dass fast alle Konzepte auf autonom fliegende Taxen zielen – auch aus Kapazitätsgründen. So ist der VoloCity derzeit für zwei Passagiere ausgelegt. „Am Anfang wird es aber sicher allein aus Sicherheitsgründen noch einen Piloten an Bord geben müssen", so sind sicher Experten sicher.

Acht Konzepte stehen in den Startlöchern

Alle eint jedoch der Optimismus, dass auch Behörden und Regierungen dem neuen Luftverkehr den Weg ebnen werden. Denn während Straßen und Schienen Milliarden kosten, sind die Luftwege gratis. Die gesetzliche Grundlage für den Einsatz von Lufttaxis gibt es nunmehr: Seit Sommer 2019 dürfen nach europäischem Recht senkrecht startende Flugtaxis zugelassen werden. Die Europäische Agentur für Flugsicherheit hat dafür die neue Kategorie VTOL (*Vertical Take-Off and Landing*) eingeführt. Ein VTOL kann etwas über drei Tonnen wiegen, hat die Erlaubnis, über Ballungsräumen zu fliegen, und darf bis zu neun Passagiere mitnehmen. Im Nachfolgenden findet sich ein Überblick über die aktuellen Projekte einiger Unternehmen. In einem dieser acht elektrischen Flugtaxis könnten schon bald Passagiere durch die Luft chauffiert werden:

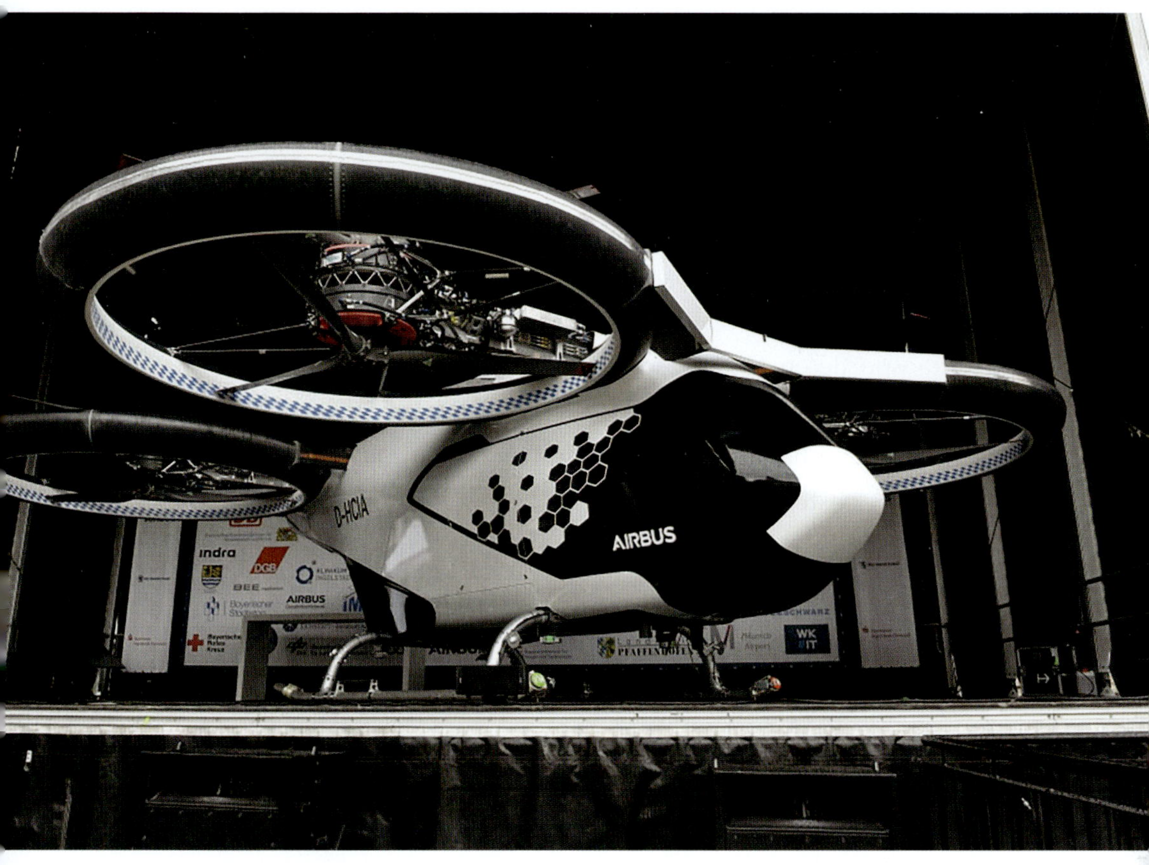

Der CityAirbus. (Bild: Airbus)

Konzept 1: CityAirbus

Anfang 2019 präsentierte Airbus ein wuchtiges Fluggerät mit acht Verstellpropellern: den über zwei Tonnen schweren CityAirbus, der mittlerweile auch seinen ersten Schwebeflug erfolgreich absolviert hat. Er braucht acht Quadratmeter Startfläche, das entspricht rund drei Pkw-Parkplätzen, und soll maximal vier Personen bis zu 15 Minuten lang transportieren können. Airbus hat in Deutschland bisher mehr politische Unterstützung bekommen als die Konkurrenz, die zum Teil schon einen Schritt weiter ist.

Konzept 2: Lilium Jet

Der Lilium Jet von der Lilium GmbH soll ein Flugtaxi für jedermann sein. An wohlhabende Privatpersonen will das Start-up aus der Nähe von München seinen Jet nicht verkaufen. Mit einem Pay-per-Ride-Service will Lilium jeden transportieren. Ein Flug soll nicht viel mehr als eine Taxifahrt kosten. Bis zu fünf Personen haben in der Kabine Platz. Der Jet besteht aus zwei dünnen Tragflächen und 36 elektrischen Turbinen, die maximal 300 km/h Höchstgeschwindigkeit ermöglichen sollen. Durch den zusätzlichen Auftrieb der Tragflächen kann der Jet während des Flugs mit weniger als zehn Prozent der 2.000 PS Leistung auskommen und hätte damit einen ähnlichen Energieverbrauch wie ein Elektroauto. Schon 2017 hob der erste Prototyp von Lilium ab, 2025 soll der Probebetrieb beginnen.

Der Lilium Jet. (Bild: Lilium GmbH)

LILIUM

Konzept 3: Alaka'i Skai

Brennstoffzelle statt Lithium-Akkus: Das Start-up aus den USA setzt auf einen 200 bis 400 Liter großen Wasserstofftank, der die sechs Elektromotoren antreibt. Die Entwickler erhoffen sich dadurch einen Gewichtsvorteil. Bis zu 630 km Reichweite soll der Skai schaffen und dabei fünf Passagiere transportieren. Das Team von Alaka'i Technologies besteht aus ehemaligen Mitarbeitern der NASA sowie von Airbus, Boeing und dem US-Verteidigungsministerium. Gemeinsam mit der BMW-Marke Designworks versuchen diese, ein möglichst leichtes Flugtaxi zu bauen, deshalb bestehen einige Komponenten aus Kohlefasern. Der erste Testflug des Skai steht laut Hersteller unmittelbar bevor.

Der Skai. (Bild: Alaka'i Technologies)

Kommen die ADAC-Retter bald mit einem VoloCity statt einem Rettungshubschrauber geflogen? Überlegungen gibt es. (Bild: ADAC)

Konzept 4: VoloCity

Er soll der Erste gewesen sein. Seit 2016 darf der VoloCity bemannt in Deutschland fliegen. 2017 flog er zum ersten Mal autonom durch Dubai. Im Herbst 2019 war, wie bereits oben erwähnt, die Premiere in Europa. Mit einem maximalen Gesamtgewicht von 450 kg bringt er zwei Passagiere bis zu 27 km weit.

Konzept 5: EHang 184/216

Der EHang 184/216 ist eine Drohne für den Personentransport. Maximal 100 kg Tragkraft, 130 km/h Höchstgeschwindigkeit und Platz für eine Person bietet der EHang 184. Der chinesische Hersteller arbeitet momentan an einer manuellen Steuerung, bisher kann die Drohne nämlich nur autonom fliegen. Anfang 2018 veröffentlichte EHang ein Video vom ersten erfolgreichen Testflug. Ab 2020 soll ein zweisitziges Flugtaxi mit dem Namen EHang 216 vom österreichischen Unternehmen FACC produziert werden.

Der EHang 216. (Bild: EHang)

Konzept 6: Vertical

Ohne Pilot geht hier nichts. Das britische Unternehmen Vertical Aerospace Ltd. setzt auf die bestehenden Luftfahrtregeln. Eine autonome Steuerung ist deshalb nicht vorgesehen. Die Passagierkabine wird von vier elektrischen Mantelpropellern getragen und soll mit einer Akkuladung bis zu 800 km weit kommen. 2018 hob der Prototyp von Vertical Aerospace im Westen von England zum ersten Mal ab. Anfang 2020 soll eine weiterentwickelte Version vorgestellt werden. Ab 2022 will der Hersteller mit dem kommerziellen Einsatz des Flugtaxis beginnen.

Der Vertical. (Bild: Vertical Aerospace Ltd.)

Konzept 7: Bell Nexus

Senkrecht starten und horizontal fliegen – die sechs schwenkbaren Rotoren ermöglichen dem Bell Nexus zwei unterschiedliche Flugmodi. Im blau beleuchteten Innenraum finden ein Pilot und vier Passagiere Platz. Zusammen mit Experten von Unternehmen wie Garmin, Safran, Thales und Moog entwickelt der US-amerikanische Hubschrauberhersteller ein Flugtaxi für On-Demand-Mobilität. Seit 2017 kooperiert das Unternehmen mit dem Fahrdienstvermittler Uber für ein weiteres Flugtaxi. 2020 sind dafür die ersten Testflüge in Los Angeles, Dallas und Dubai geplant. Ab 2023 soll das Elevate-Projekt regulär beginnen und Flugtaxis verschiedener Anbieter über die Plattform Uber vermitteln.

Der Bell Nexus. (Bild: Bell)

Konzept 8: Boeing PAV

Das Design erinnert an ein Wasserflugzeug. Statt Luftkissen hat der Prototyp des Passenger Air Vehicle (PAV) allerdings Rotoren an den Kufen. Bis zu 80 km Reichweite soll das elektrische Flugtaxi schaffen und dabei drei Passagiere autonom transportieren können. Anfang 2019 ist das PAV in Virginia zum ersten Mal abgehoben. Auf dessen Basis wird es bald auch die Cargo-Variante CAV (*Cargo Air Vehicle*) geben. Es soll über 230 kg transportieren können.

Der PAV. (Bild: Boeing)

Paketdrohnen – nur ein Forschungsprojekt?

Die Entwicklung von sogenannten Paketdrohnen ist dagegen schon deutlich weiter. Erste Tests und Modellversuche wurden erfolgreich abgeschlossen. Projekte, wie die Belieferung der Insel Juist mit Medikamenten im Jahr 2014, wurden durchgeführt. Damals sprach der Paketzusteller DHL International GmbH (Konzern Deutsche Post DHL Group), der die zwölf Kilometer langen Flüge zur Insel durchgeführt hatte, von einem weltweit einzigartigen Projekt. Doch von der damaligen Euphorie ist heute nicht mehr viel zu spüren. Die Deutsche Post DHL hat zwar weitere Testläufe im In- und Ausland durchgeführt, aktuell werden Drohnen aber nicht regulär für die Zustellung in Deutschland eingesetzt beziehungsweise geplant. Für das Unternehmen ist das Thema Drohne aktuell scheinbar lediglich nur ein „reines Forschungsprojekt".

Auch in Afrika hat die DHL geforscht: Die Medizinversorgung entlegener Gebiete mithilfe von Drohnen zu revolutionieren, war Kern des Pilotprojekts „Deliver Future". Dieses Projekt hat bewiesen, dass es keine Zukunftsmusik ist. Möglich gemacht haben es drei Experten auf ihrem Gebiet: DHL, die Deutsche Gesellschaft für Internationale Zusammenarbeit (GIZ) GmbH im Auftrag des Bundesentwicklungsministeriums (BMZ) und der deutsche Drohnenhersteller Wingcopter, Darmstadt.

Erfolgreich wurde über sechs Monate hinweg die Lieferung von Medikamenten per Drohne auf eine Insel im ostafrikanischen Victoriasee erprobt. Der selbstständig fliegende „DHL Paketkopter 4.0" schaffte dabei die 60 Kilometer lange Flugstrecke vom Festland bis zur Insel in durchschnittlich 40 Minuten. Insgesamt wurden in dem Pilotprojekt mehr als 2.200 Kilometer geflogen und rund 2.000 Flugminuten geleistet.

Für die DHL ist dieses Projekt der vierte Versuch, Drohnen als Transportgeräte einzusetzen. Frühere Versuche, Juist mit Medikamenten und eine Alm mit Paketen zu beliefern, sind über die reine Forschung nicht hinausgekommen. Zwar erklärte ein DHL-Sprecher damals, man habe gute Erfahrungen gemacht, schränkte aber gleichzeitig ein: „Lieferdrohnen werden ein Nischenprodukt bleiben."

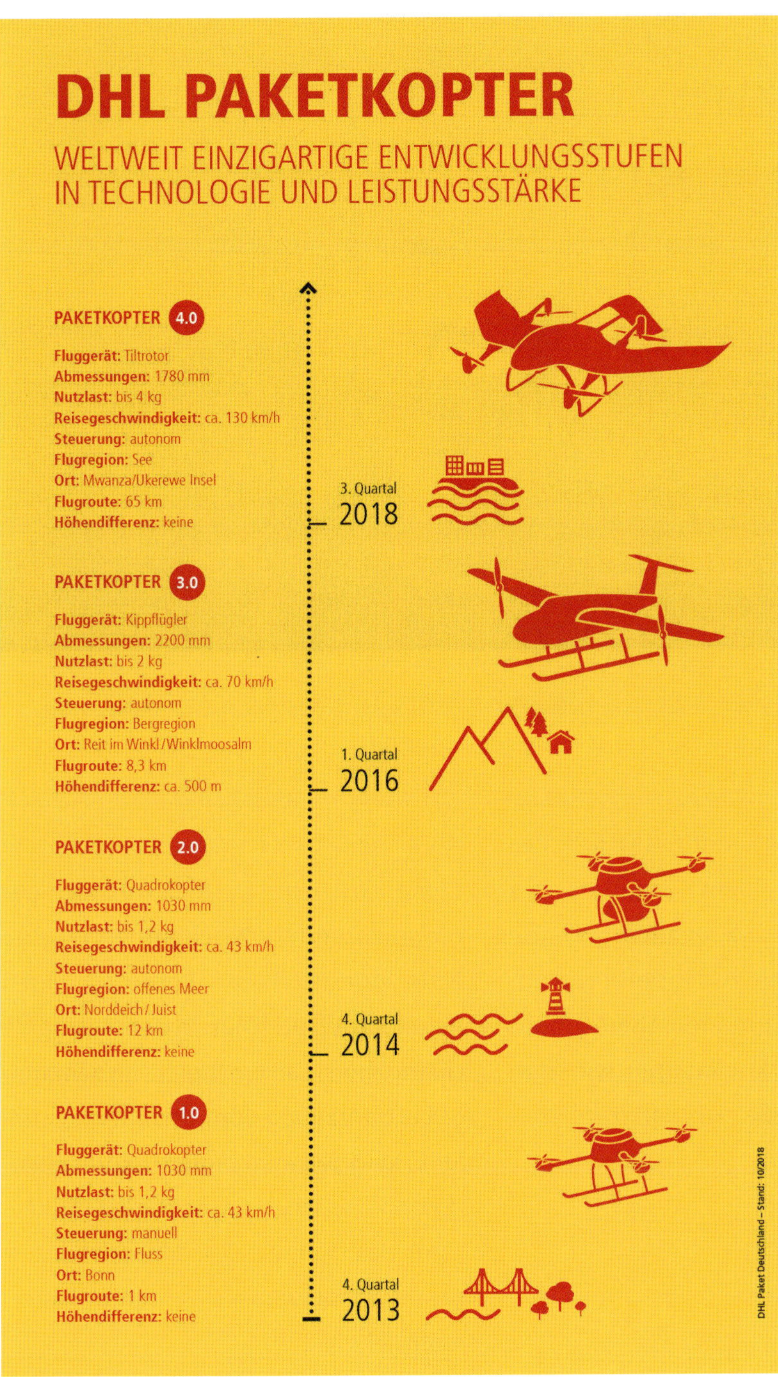

Für die Deutsche Post DHL ist die Paketdrohne aktuell nur ein reines Forschungsprojekt. (Bild: Deutsche Post DHL)

Im ostafrikanischen Tansania flog die DHL in einem Modellprojekt zur Medikamentenversorgung mit einer Drohne vom Festland auf eine entlegene Insel im Victoriasee. (Bild: DHL International GmbH)

Deutlich positiver klingt das DHL-Statement jetzt nach dem Abschluss des Projekts in Afrika: Die Technologie habe „das Potenzial, zur Verhinderung weltweiter Krisen beizutragen. Die Ausbreitung von Viruserkrankungen wie zum Beispiel Ebola ließe sich damit frühzeitig bekämpfen."

Währenddessen hat die DHL-Tochter in China, DHL-Express, in 2019 trotz der prognostizierten Nischentheorie eine erste innerstädtische Route für einen Regelbetrieb eröffnet. In der Metropole Guangzhou transportieren unbemannte Luftfahrzeuge vom Drohnenhersteller EHang zweimal täglich Expresslieferungen zwischen zwei Packstationen. Und das, ohne von Menschenhand gesteuert zu werden – sprich, vollautomatisch!

Im Luftraum der chinesischen Metropole Guangzhou für DHL-Express unterwegs: eine Paketdrohne des chinesischen Drohnenherstellers EHang. (Bild: Deutsche Post DHL)

Fakt ist, die Mobilität der Zukunft ist nicht mehr aufzuhalten, auch wenn sich viele (noch) eher verhalten im neuen Mobilitätsmarkt bewegen und Zurückhaltung zeigen, wenn sie nach der Zukunftsentwicklung der Warenzustellung per Drohne befragt werden. Für eine positive Entwicklung hat die EU im Sommer 2019 mit der neuen Drohnenverordnung die Basis geschaffen. Auch die Bundesregierung hat mit der Ernennung eines Koordinators für die Luftfahrt deutliche Signale gesendet. Und Global Player wie beispielsweise Amazon basteln fleißig weiter an einem funktionierenden Lieferkonzept per Drohne. UPS dagegen hat, um in den USA per Drohne kommerziell Pakete auszuliefern, bereits eine Lizenz erhalten und führt mit seiner eigens dafür gegründeten Unternehmenstochter UPS Flight Forward erste regelmäßige Auslieferungen durch.

4 GESETZE UND VERSICHERUNGEN

Gesetze und Versicherungen

Deutsche Drohnenverordnung

Nun ist womöglich die neue Drohne schon im Hause, und eigentlich sollte es natürlich auch gleich in die Luft gehen. Langsam! Bevor man mit dem Fluggerät abhebt, bedarf es einiger Vorbereitungen beziehungsweise der Einhaltung von Regeln. Es gilt, Gesetze, Verordnungen und Versicherungspflichten zu beachten. Gegebenenfalls ist es erst auch noch notwendig, eine Führerscheinprüfung zu absolvieren.

- Existiert eine Versicherung für die Drohne?
- Wie schwer ist die Drohne, darf man damit ohne einen Drohnenführerschein starten?
- Ist dort, wo man starten will, eventuell eine NoFly-Zone oder eine sonstige Flugbeschränkung?

Tja, es gibt noch viele Fragen, die zwingend vor dem ersten Start abgearbeitet werden müssen! Vollkommen unabhängig davon, ob Sie vom eigenen Grundstück oder aber von einem anderen außerhalb Ihres Grundstücks liegenden Platz aus starten wollen.

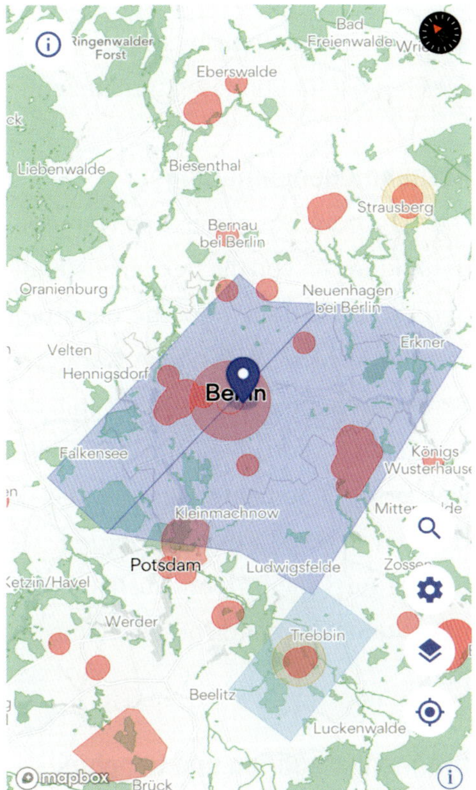

Mit der kostenfreien App *Map2Fly* kann man schnell ermitteln, ob man da starten darf, wo man es gern möchte beziehungsweise einem Auftrag entsprechend muss. Die blaue Standortmarkierung zeigt den geplanten Startpunkt an. Tippe ich auf diese Markierung, wird mir angezeigt, was an diesem Startpunkt alles beachtet beziehungsweise eingehalten werden muss. Allgemein ist es so, dass Grün und Rot markierte Bereiche für Drohnen in der Regel tabu sind. Blau markierte Bereiche sind Kontrollzonen, in denen besondere Regeln gelten. Beispielsweise darf hier nur bis zu einer Höhe von 50 Metern geflogen werden.

Ziegelstraße .
10117 Berlin
Deutschland

Beschränkungen

Bildungseinrichtung (Von 0m bis 100m)
Gewerbegebiet
Ortslage (Mitte)
Bahnstrecke (S1, S2, S25) (Von 0m bis 100m)
Land-, Kreis- o. Gemeindestraße (Ziegelstraße)
Land-, Kreis- o. Gemeindestraße (Tucholskystraße)

Auflagen

Bildungseinrichtung
Warnhinweis: Halten Sie ausreichend Sicherheitsabstand zu Schulen, um die öffentliche Sicherheit und Ordnung nicht zu gefährden. Unter Umständen kann ein Betriebsverbot vorliegen. Hinweis: Sie benötigen die Zustimmung des Grundstückseigentümers oder Verfügungsberechtigten der Bildungseinrichtung, insbesondere für Start und Landung.

Gewerbegebiet
Hinweis: Sie benötigen die Zustimmung des Grundstückseigentümers oder Verfügungsberechtigten für Start und Landung.

Ortslage
Hinweis: Innerhalb geschlossener Ortschaften in öffentlichen Bereichen und bei öffentlichen Veranstaltungen ist der Betrieb der zuständigen Ordnungsbehörde und/oder Polizeidienststelle vorab schriftlich anzuzeigen.

Bahnstrecke
Hier gilt ein generelles Betriebsverbot 100m über und um Bahnanlagen. Sie benötigen eine Zustimmung der zuständigen Stelle für den Betrieb. Mittels eines vereinfachten Verfahrens sind außerdem Ausnahmen von diesem Betriebsverbot zulässig, wenn der Zweck den Betrieb rechtfertigt, die öffentliche Sicherheit und Ordnung nicht gefährdet und die Nebenbestimmungen gem. NfL 1-1163-17 (1:1 Regel; Überflug über 50m; 50m Abstand zu Schienenfahrzeugen) eingehalten werden.

Land-, Kreis- o. Gemeindestraße
Warnhinweis: Irritationen oder Behinderungen des Straßenverkehrs sind zu vermeiden. Halten Sie dazu ausreichend Sicherheitsabstand.

Kontrollzone
Ab einer Flughöhe von 50m gilt ein generelles Betriebsverbot. Sollten Sie über 50m fliegen wollen, benötigen Sie eine Ausnahmezulassung der zuständigen Luftfahrtbehörde und eine Flugverkehrskontrollfreigabe der zuständigen Flugverkehrskontrollstelle.

Luftsperrgebiet
Sie benötigen eine Erlaubnis der Luftfahrtbehörde für den Betrieb und darüber hinaus eine Flugverkehrskontrollfreigabe.

Lufträume

Kontrollzone (BERLIN-TEGEL - EDDT) (Von 0m bis 762m)
Luftsperrgebiet (BERLIN - 146) (Von 0m bis 1524m)

Schematische Darstellung der „neuen Drohnen-Verordnung" von 2017. (Bild: BMVI)

Seit April 2017 gilt in Deutschland eine neue Drohnenverordnung. Auch wenn sie ein Auslaufmodell ist, soll sie im Nachfolgenden kurz dargestellt werden. Sie hat, wie so vieles, ihre Vor- und auch Nachteile. Heftig wurde bei Einführung über die Verordnung diskutiert und gestritten. Profipiloten sprachen gar von einem Berufsverbot, das von der Drohnenverordnung für sie ausginge.

Grundstücke überfliegen

Hintergrund ist beispielsweise, dass Drohnenpiloten nur noch Grundstücke überfliegen dürfen, wenn sie die ausdrückliche Genehmigung vom Grundstückseigentümer haben – egal ob auf dem Grundstück fotografiert, gefilmt oder nur darüber hinweggeflogen wird. Damit ist ein Auftragsbereich, die Immobiliendokumentation, schon mal nicht mehr so ohne Weiteres möglich.

Achtung! – Solarfelder

Solarfelder liegen in der Regel an viel befahrenen Straßen, wie Bundesstraßen und/oder -autobahnen. Hier ist mit der neuen Verordnung zwingend ein Abstand von mindestens 100 Metern einzuhalten. Damit können Solarfelder nicht mehr überall in Gänze abgeflogen werden, da gegebenenfalls der Mindestabstand nicht eingehalten werden kann. Gleiches gilt für Bundeswasserstraßen!

Ausnahmegenehmigungen

Die Verordnung sieht Ausnahmegenehmigungen vor, die bei der zuständigen Landesluftfahrtbehörde beantragt werden müssen. Anfänglich waren die Behörden sehr zurückhaltend mit der Ausstellung von Ausnahmen. Grund war eine allgemeine Verunsicherung bei den Landesluftfahrtbehörden, die für die Ausstellung von Ausnahmegenehmigungen rechtliche Probleme sahen.

Drohnenkategorien und Genehmigungen

Die neue Verordnung, herausgegeben vom Bundesverkehrsministerium, sieht drei Drohnenkategorien vor: ab 0,25 kg, ab 2 kg und ab 5 kg.

Ab 0,25 kg unterliegt jeder Pilot der Kennzeichnungspflicht. Die Drohne muss mit einer feuersicheren Plakette versehen sein, auf der Name, Anschrift etc. des Eigentümers eingraviert sind.

Ab 2 kg muss der Pilot einen Kenntnisnachweis – den sogenannten Drohnenführerschein – auf Nachfrage vorlegen können. Der Führerschein muss alle fünf Jahre erneuert werden.

Ab 5 kg Startgewicht ist zusätzlich noch eine Erlaubnispflicht vorgeschrieben. Dafür sind die jeweiligen Landesluftfahrtbehörden zuständig, die diese Erlaubnis erteilen.

Flugverbotszonen

Generell dürfen Drohnen nicht höher als 100 Meter steigen und müssen stets in Sichtweite des Piloten geflogen werden. Darüber hinaus gibt's verschiedene generelle Flugverbotszonen.

Der ehemalige Bundesverkehrsminister Alexander Dobrindt, verantwortlich für die deutsche Drohnenverordnung von 2017, sah damals schon große Chancen für Drohnen:

„Drohnen bieten ein großes Potenzial – privat wie gewerblich. Immer mehr Menschen nutzen sie. Je mehr Drohnen aufsteigen, desto größer wird die Gefahr von Kollisionen, Abstürzen oder Unfällen. Für die Nutzung von Drohnen sind deshalb klare Regeln nötig. Um der Zukunftstechnologie Drohne Chancen zu eröffnen und gleichzeitig die Sicherheit im Luftraum deutlich zu erhöhen, habe ich eine Neuregelung auf den Weg gebracht. Neben der Sicherheit verbessern wir damit auch den Schutz der Privatsphäre!"

Die Verordnung beinhaltet folgende Regelungen:

- **Kennzeichnungspflicht** – Alle Flugmodelle und unbemannten Luftfahrtsysteme ab einer Startmasse von mehr als 0,25 kg müssen künftig gekennzeichnet sein, um im Schadensfall schnell den Halter feststellen zu können. Die Kennzeichnung erfolgt mittels Plakette mit Namen und Adresse des Eigentümers.

- **Kenntnisnachweis** – Für den Betrieb von Flugmodellen und unbemannten Luftfahrtsystemen ab 2 kg ist künftig ein Kenntnisnachweis erforderlich. Der Nachweis erfolgt durch a) eine gültige Pilotenlizenz, b) eine Bescheinigung nach Prüfung durch eine vom Luftfahrt-Bundesamt anerkannte Stelle (auch online möglich), Mindestalter: 16 Jahre, c) eine Bescheinigung nach Einweisung durch einen Luftsportverein (gilt nur für Flugmodelle), Mindestalter 14 Jahre. Die Bescheinigungen gelten für fünf Jahre. Für den Betrieb auf Modellfluggeländen ist kein Kenntnisnachweis erforderlich.

- **Erlaubnisfreiheit** – Für den Betrieb von Flugmodellen und unbemannten Luftfahrtsystemen unterhalb einer Gesamtmasse von 5 kg ist grundsätzlich keine Erlaubnis erforderlich. Der Betrieb durch Behörden oder Organisationen mit Sicherheitsaufgaben, beispielsweise Feuerwehren, THW, DRK etc., ist generell erlaubnisfrei.
- **Erlaubnispflicht** – Für den Betrieb von Flugmodellen und unbemannten Luftfahrtsystemen über 5 kg und für den Betrieb bei Nacht ist eine Erlaubnis erforderlich. Diese wird von den Landesluftfahrtbehörden erteilt.
- **Chancen für die Zukunftstechnologie** – Gewerbliche Nutzer brauchten für den Betrieb von unbemannten Luftfahrtsystemen bisher eine Erlaubnis – unabhängig vom Gewicht. Künftig ist für den Betrieb von unbemannten Luftfahrtsystemen unterhalb von 5 kg grundsätzlich keine Erlaubnis mehr erforderlich. Zudem wird das bestehende generelle Betriebsverbot außerhalb der Sichtweite aufgehoben. Landesluftfahrtbehörden können dies künftig für Geräte ab 5 kg erlauben.
- **Betriebsverbot** – Ein Betriebsverbot gilt künftig für Flugmodelle und unbemannte Luftfahrtsysteme:

  a) außerhalb der Sichtweite für Geräte unter 5 kg,

  b) in und über sensiblen Bereichen, z. B. Einsatzorten von Polizei und Rettungskräften, Krankenhäusern, Menschenansammlungen, Anlagen und Einrichtungen wie JVAs oder Industrieanlagen, obersten und oberen Bundes- oder Landesbehörden, Naturschutzgebieten,

  c) über bestimmten Verkehrswegen,

  d) in Kontrollzonen von Flugplätzen (auch An- und Abflugbereichen von Flughäfen),

  e) in Flughöhen über 100 m über Grund, es sei denn, der Betrieb findet auf einem Gelände statt, für das eine allgemeine Erlaubnis zum Aufstieg von Flugmodellen erteilt und für die eine Aufsichtsperson bestellt worden ist, oder, soweit es sich nicht um einen Multicopter handelt, der Steuerer Inhaber einer gültigen Erlaubnis als Luftfahrzeugführer ist oder über einen Kenntnisnachweis verfügt,

f) über Wohngrundstücken, wenn die Startmasse des Geräts mehr als 0,25 kg beträgt oder das Gerät oder seine Ausrüstung in der Lage ist, optische, akustische oder Funksignale zu empfangen, zu übertragen oder aufzuzeichnen (Ausnahme: Der durch den Betrieb über dem jeweiligen Wohngrundstück in seinen Rechten Betroffene stimmt dem Überflug ausdrücklich zu.),

g) über 25 kg Startgewicht (gilt nur für „unbemannte Luftfahrtsysteme").

Die zuständige Behörde kann Ausnahmen von den Verboten zulassen, wenn der Betrieb keine Gefahr für die Sicherheit des Luftverkehrs oder die öffentliche Sicherheit oder Ordnung, insbesondere keine Verletzung der Vorschriften über den Datenschutz und über den Naturschutz darstellt und der Schutz vor Fluglärm angemessen berücksichtigt ist.
Insbesondere bei einem geplanten Betrieb außerhalb der Sichtweite lässt sich die Genehmigungsbehörde eine objektive Sicherheitsbewertung vorlegen.

- **Ausweichpflicht** – Unbemannte Luftfahrtsysteme und Flugmodelle sind verpflichtet, bemannten Luftfahrzeugen und unbemannten Freiluftballons auszuweichen.

- **Einsatz von Videobrillen** – Flüge mithilfe einer Videobrille sind erlaubt, wenn sie bis zu einer Höhe von 30 Metern stattfinden und das Gerät nicht schwerer als 0,25 kg ist oder eine andere Person es ständig in Sichtweite beobachtet und in der Lage ist, den Steuerer auf Gefahren aufmerksam zu machen. Dies gilt als Betrieb innerhalb der Sichtweite des Steuerers.

Die Drohnenverordnung ist am 7. April 2017 in Kraft getreten. Die Regelungen bezüglich der Kennzeichnungspflicht und der Pflicht zur Vorlage eines Kenntnisnachweises gelten ab 1. Oktober 2017. Mit der neuen ab Sommer 2019 geltenden EU-Drohnenverordnung ist das Ende der deutschen Verordnung absehbar. Ab 2020 müssen die EU-Mitgliedsstaaten die EU-Richtlinien spätestens umgesetzt haben, eine eingeräumte Übergangsphase, beispielsweise für die Ablegung einer EU-Führerscheinprüfung, endet dann in 2022.

Luftraumstruktur in Deutschland

Die *Internationale Zivilluftfahrt-Organisation* (ICAO) hat eine Luftraumstruktur mit unterschiedlichen Luftraumklassen von A bis G festgelegt. Die Unterscheidung erfolgt grob durch die Art der Kontrolle dieser Lufträume (kontrollierter/unkontrollierter Luftraum) und beinhaltet weitgehende Richtlinien für den Durchflug dieser Bereiche, wie Höchstgeschwindigkeit, Mindestsichtweiten (Flug- und Bodensicht), Erdsicht und minimale Wolkenabstände.

Lufträume stehen sowohl in horizontaler (nebeneinander) als auch in vertikaler (übereinander) Anordnung zueinander. Die Kontrolle der Lufträume erfolgt durch Flugverkehrskontrollstellen. Diese können, müssen aber nicht durch Radar unterstützt werden. Die Luftraumklassen A bis F sind für Fernpiloten nicht relevant. Die Luftraumklasse G, der unkontrollierte Luftraum, geht bis 2.500 Fuß (rund 762 m) über Grund. Da Drohnen generell nur bis 100 m hoch fliegen dürfen, gilt für diese Fluggeräte einzig die Luftraumklasse G.

Die Deutsche Flugsicherung hat einen Entscheidungsbaum veröffentlicht, der das neue Verordnungsgeflecht ganz anschaulich darstellt – *https://www.dfs.de/dfs_homepage/de/Drohnenflug/Start/*. (Bild: DFS)

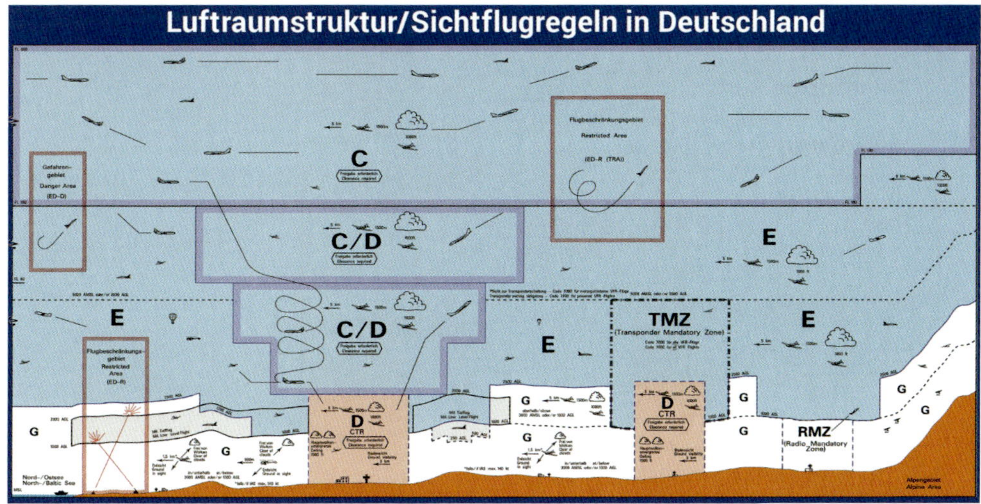

Schematische Darstellung der Luftraumstruktur in Deutschland. (Bild: BMVI)

Einheitliche EU-Regelung

Einheitliche EU-Regeln für Drohnenpiloten wurden schon lange herbeigesehnt, da jedes EU-Land bisher in diesem Fall sein eigenes Süppchen gekocht hatte. Von einer Einheit war weit und breit keine Spur! 28 verschiedene Regulierungen gab es bis 2019 in der Europäischen Union. Jetzt ist es geschafft: eine einheitliche Regelung für alle EU-Staaten – ab sofort!

Deutschlands Drohnenpiloten haben sich gerade mehr oder weniger an die erst 2017 ins Leben gerufene deutsche LuftVO gewöhnt, da holt sie auch schon die nächste Novelle in Form einer einheitlichen europäischen Lösung ein. Zukünftig wird die Europäische Union mit der von ihr eingerichteten Europäischen Agentur für Flugsicherheit (EASA) für die Regulierung ziviler Operationen aller Arten von Drohnen zuständig sein.

Ab sofort gilt eine einheitliche Regelung für alle EU-Staaten.

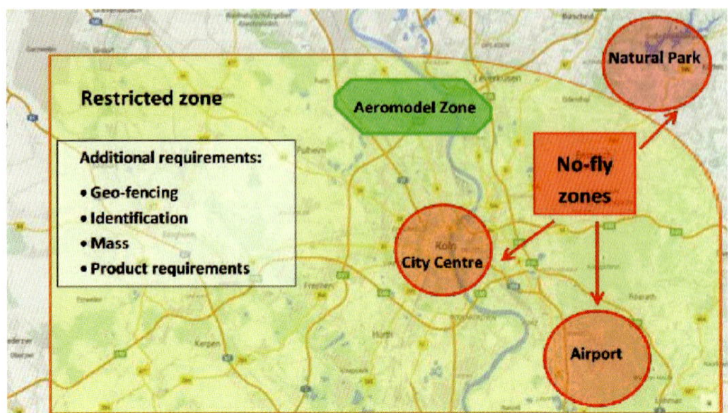

Um die notwendige Flexibilität zu schaffen, können die Mitgliedsstaaten „Zonen" definieren, um den Zugang bestimmter Teile ihres Luftraums zu beschränken oder im Gegenteil die Bedingungen dort zu lockern. Auf diese Weise werden nationale Besonderheiten auf der geeignetsten Ebene angesprochen. Die Registrierung und Zulassung wird auch auf nationaler Ebene auf der Grundlage gemeinsamer Regeln umgesetzt. (Grafik: EASA)

Die EU-Richtlinien definieren einheitliche Grundregeln für alle EU-Länder. Zusätzlich gibt es aber weiterhin auch länderspezifische Vorgaben der einzelnen Mitgliedsstaaten der EU, die zusätzlich erfüllt werden müssen.

Die Vorteile der neuen Richtlinien:

- Eine einheitliche europäische Regelung.
- EU-weit genehmigungsfreies Fliegen in der OPEN Category.
- EU-weite Genehmigung des Betriebs in der SPECIFIC Category durch die Heimatbehörde (gegebenenfalls in Abstimmung mit dem jeweiligen Mitgliedsstaat, in dem geflogen werden soll).

Prinzipiell sehen die EU-Richtlinien für Drohnen drei Kategorien vor:

- OPEN Categorie
- SPECIFIC Categorie
- CERTIFIED Categorie

Außerdem werden die Drohnen in der OPEN Categorie in fünf Risikokategorien unterteilt:

- C0
- C1
- C2
- C3
- C4

Die Kategorien im Überblick

Die EU-Verordnung sieht die folgenden drei Kategorien vor:

OPEN Categorie

Die OPEN Categorie ist für Drohnen und Flüge gedacht, von denen ein geringes Risiko ausgeht. Weitere Bedingungen sind:

- Maximale Flughöhe 120 Meter.
- Flug nur in Sichtweite (VLOS = Visual Line Of Sight).
- Versicherungspflicht.
- Mindestalter der Steuerer wird nicht durch die EU-Richtlinien definiert, sondern auf Länderebene festgesetzt.
- Plakette/Kennzeichen mit Registrierungsnummer des Piloten ab Drohnenklasse C1.
- Flugbestimmungen und -regulatorien des jeweiligen EU-Lands sind zu beachten, beispielsweise:

  Abstand zu Flugplätzen, bemannten Flugzeugen, Menschenansammlungen, Einsatzorten, Energieanlagen, Gefängnissen, Militärgeländen
- Privatsphäre beachten – keine Aufnahmen von Personen ohne deren Erlaubnis.
- Weitere Auflagen sind abhängig von der Risikoklasse der genutzten Drohne.

Zusätzlich ist die OPEN Categorie noch in drei Unterkategorien unterteilt:

- A1 – Flug über Personen (nicht aber Menschenansammlungen im Freien)
- A2 – Flug in der Nähe von Menschen (aber in sicherer Entfernung)
- A3 – Flug weit weg von Menschen

Für welche Drohne die Auflagen A1 bis A3 gelten, ergibt sich aus der Aufstellung der Drohnenklassen C0 bis C4 weiter unten.

SPECIFIC Categorie

Die SPECIFIC Categorie ist für Drohnen und Flüge gedacht, die eine oder mehrere Vorgaben der OPEN Categorie überschreiten müssen – beispielsweise Flüge über 120 Meter, Fliegen außerhalb der Sichtweite etc. Weitere Bedingungen sind:

- Hierfür sind spezielle, individuelle Ausnahmegenehmigungen erforderlich.

- Es wird definierte Standardszenarien geben, die man auch ohne Ausnahmegenehmigung absolvieren kann, wenn man eine gesonderte „kleine" AUS-Operator-Lizenz/-Zertifizierung hat. Diese Lizenz nennt sich Light UAS Operator Certificate (LUC).
- Standardszenarien werden voraussichtlich auch die Themen FPV-Racing, FPV Racer und FPV-Flug umfassen.
- Spezielle Auflagen.

CERTIFIED Categorie

Die CERTIFIED Categorie ist für Drohnen und Flüge gedacht, die Spezialanwendungen – beispielsweise in der Industrie oder im Transportwesen – beinhalten. Weitere Bedingungen sind:

- Spezielle Zertifizierungsprozesse und Lizenzen erforderlich (sowohl für die Drohne als auch den Operator und die Crew).
- Spezielle Auflagen.

LUC – Light UAs Operator Certificate

Mit dem LUC gibt es noch eine weitere Möglichkeit der erleichterten Aufstiegsgenehmigung für Unternehmen und Organisationen, wenn folgende Faktoren erfüllt sind:

- Die Anforderungen der Punkte UAS. SPEC.050 und UAS.SPEC.060 müssen erfüllt sein.
- Der in den Genehmigungsbedingungen festgelegte Genehmigungsumfang und die dort festgelegten Rechte müssen eingehalten werden.
- Es muss ein System für die Ausübung der Betriebskontrolle über jeden Betrieb, der zu den LUC-Bedingungen durchgeführt wird, festgelegt und aufrechterhalten werden.
- Eine Risikobewertung des beabsichtigten Betriebs nach Artikel 11 muss durchgeführt werden, sofern es sich nicht um einen Betrieb handelt, für den eine Betriebserklärung nach Punkt UAS.SPEC.020 ausreicht.

- Über den Betrieb, der auf der Grundlage der nach Punkt UAS.LUC.060 gewährten Rechte durchgeführt wird, müssen Aufzeichnungen über die folgenden Positionen geführt werden, und es muss gewährleistet sein, dass für einen Zeitraum von mindestens drei Jahren diese Aufzeichnungen vor Beschädigung, Änderung und Diebstahl geschützt sind:
  - die Bewertung des Betriebsrisikos, sofern nach Nummer 4 gefordert, und die entsprechenden Belege,
  - die ergriffenen Risikominderungsmaßnahmen und
  - die Qualifikation und Erfahrung des Personals, das am UAS-Betrieb, am Compliance-Monitoring der Vorschriften und am Sicherheitsmanagement beteiligt ist.
- Die in Nummer 5 Buchstabe c genannten personenbezogenen Aufzeichnungen müssen in der gesamten Zeit, in der die betreffende Person für die Organisation tätig ist, und bis zu drei Jahre nach dem Ausscheiden der Person aus der Organisation aufbewahrt werden.

Die Drohnenklassen

Die OPEN Categorie dürfte daher die sein, die auf die meisten Drohnenflüge (egal ob privat oder gewerblich) zutrifft und unter deren Auflagen am unkompliziertesten geflogen werden kann.

Alle in der EU verwendeten oder verkauften Drohnen müssen in eine der fünf Risikoklassen (C = Class, Klasse) eingeordnet werden – C0 bis C4. Die Risikoklassen unterteilen die Drohnen basierend auf ihrem Risiko – Gewicht, Bewegungsenergie, Bauform, Sicherheitsfunktionen etc. – und beinhalten je Kategorie unterschiedliche Auflagen, unter anderem Registrierungspflicht des Steuerers und elektronische ID der Drohne.

Da dies relativ komplex ist, soll sich nicht der Fernpilot mit dieser Kategorisierung beschäftigen, sondern die Hersteller müssen die Drohnen in die passende Kategorie einteilen und mit einem entsprechenden Kennzeichen deutlich markieren:

Einer dieser Risikoklassenaufkleber muss künftig sichtbar an Drohnen befestigt werden. (Grafik: EASA)

Klasse C0/Eigenbau

Rahmenbedingungen:

- Drohnen unter 250 g Startgewicht.
- Eigenbauten bis 250 g Startgewicht werden behandelt wie Klasse C0.
- Eigenbauten über 250 g – Klasse C3/C4.

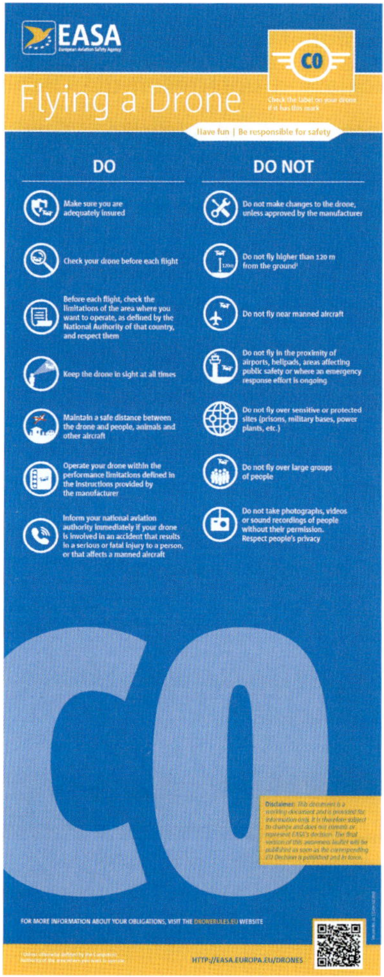

Drohnenklasse C0. (Grafik: EASA)

Anforderungen an die Drohne (gilt nicht bei Eigenbauten):

- Gebrauchsanweisung.
- Muss EU-weite Spielzeugsicherheitsrichtlinien (2009/48/EC) erfüllen oder unter 19 m/s Geschwindigkeit bleiben.
- Muss einstellbares Höhenlimit besitzen.
- Keine scharfen Kanten.
- Drohne benötigt keine elektronische ID und keine automatische Flugbeschränkungsüberwachung.

Vorgaben für Fernpiloten:

- Fernpilot muss Gebrauchsanweisung lesen.
- Fernpilot muss nicht registriert sein.
- Es darf über Menschen – nicht über Menschenansammlungen – geflogen werden (Unterkategorie A1).

Klasse C1

Rahmenbedingungen:

- Drohnen unter 80 J (Joule) Bewegungsenergie oder unter 900 g Abfluggewicht.

Anforderungen an die Drohne:

- Gebrauchsanweisung.
- Geschwindigkeit auf 19 m/s begrenzt.
- Unterlagen über Bewegungsenergie und mechanische Stabilität.
- Notfallprozedur bei Verbindungsverlust (z. B. Return-to-Home).
- Muss einstellbares Höhenlimit besitzen.
- Keine scharfen Kanten.
- Drohne benötigt eine elektronische ID und eine automatische Flugbeschränkungsüberwachung.

Vorgaben für Fernpiloten:

- Fernpilot muss Gebrauchsanweisung lesen.
- Fernpilot muss Onlinetraining und Test/Prüfung absolviert haben (kleiner Drohnenführerschein).
- Pilot muss sich registrieren und seine Registrierungsnummer mittels Plakette auf der Drohne anbringen.
- Es darf über Menschen – nicht über Menschenansammlungen – geflogen werden (Unterkategorie A1).

Drohnenklasse C1. (Grafik: EASA)

Klasse C2

Rahmenbedingungen:

- Drohnen unter 4 kg Abfluggewicht.

Anforderungen an die Drohne:

- Gebrauchsanweisung.
- Unterlagen über Bewegungsenergie, mechanische Stabilität und Bruch.
- Notfallprozedur für Verbindungsverlust (Return-to-Home etc.).
- Muss einstellbares Höhenlimit besitzen.
- Keine scharfen Kanten.
- Low-Speed-Modus (manuell zuschaltbar) muss vorhanden sein (max. 3 m/s), wenn in der Nähe von Personen geflogen werden soll.
- Drohne benötigt eine elektronische ID und eine automatische Flugbeschränkungsüberwachung.

Vorgaben für Fernpiloten:

- Fernpilot muss Gebrauchsanweisung lesen.
- Fernpilot muss Onlinetraining und Test/Prüfung absolviert haben (kleiner Drohnenführerschein).
- Fernpilot muss einen theoretischen Test in einem anerkannten Prüfzentrum absolvieren (großer Drohnenführerschein).
- Fernpilot muss sich registrieren und seine Registrierungsnummer mittels Plakette auf der Drohne anbringen.
- Es darf nur in einer sicheren Entfernung zu Menschen geflogen werden (Unterkategorie A2):

  Im Low-Speed-Modus mindestens fünf Meter Abstand zu Personen und außerdem mindestens ein horizontaler Abstand so groß wie die aktuelle Höhe (Eins-zu-eins-Regel). Bedeutet: bei zehn Metern Flughöhe mindestens zehn Meter Abstand.

Drohnenklasse C2 – Low Speed. (Grafik: EASA)

Drohnenklasse C2 – No Low Speed. (Grafik: EASA)

Klasse C3/C4/Eigenbau

Rahmenbedingungen:

- Drohnen unter 25 kg Abfluggewicht.
- Alle Eigenbauten über 250 g werden behandelt wie C3/C4.

Anforderungen an die Drohne – C3 (außer Eigenbau):

- Gebrauchsanweisung.
- Unterlagen über Bruch (Richtlinien/ Vorgaben einhalten).
- Notfallprozedur für Verbindungsverlust (Return-to-Home etc.).
- Muss einstellbares Höhenlimit besitzen.
- Drohne benötigt eine elektronische ID und eine automatische GEO-Flugbeschränkungsüberwachung.

Drohnenklasse 3. (Grafik: EASA)

Anforderungen an die Drohne – C4 (außer Eigenbau):

- Gebrauchsanweisung.
- Kein automatischer/autonomer Flug möglich.
- Wenn in der genutzten Flugzone vorgegeben/erforderlich, benötigt die Drohne eine elektronische ID und eine automatische Flugbeschränkungsüberwachung, ansonsten nicht.
- In diese Kategorie fallen in der Regel auch alle konventionellen Modellflugzeuge/Flugmodelle.

Vorgaben für Fernpiloten:

- Fernpilot muss Gebrauchsanweisung lesen.
- Fernpilot muss Onlinetraining und Test/Prüfung absolviert haben (kleiner Drohnenführerschein).
- Fernpilot muss sich registrieren und seine Registrierungsnummer mittels Plakette auf der Drohne anbringen.
- Es darf nur außerhalb von Städten geflogen werden und nur dort, wo keine unbeteiligten Personen gefährdet werden können (Unterkategorie A3).

Drohnenklasse C4. (Grafik: EASA)

Was bedeutet die neue EU-Regelung nun im Einzelnen für Drohnenpiloten und deren bisherige Ausbildung? Nachfolgend Antworten darauf:

- Für alle Steuerer von Drohnen (mit Ausnahme von Drohnen unter 250 g) ist die Teilnahme an einem Onlinetraining und einem Onlinetest obligatorisch.
- Für Steuerer, deren Drohnen in der Nähe von Menschen fliegen (Unterkategorie A2), ist zusätzlich ein Präsenztest vorgeschrieben.
- Für den Betrieb in der SPECIFIC Category sind neben oben genannten Anforderungen gegebenenfalls zusätzliche Kenntnisse und Fähigkeiten der Steuerer in Abhängigkeit von den Betriebsbedingungen notwendig.
- In allen oben genannten Fällen kann sich das LBA die Delegierung dieser Ausbildung und die Abnahme von Prüfungen an die heutigen anerkannten Stellen vorstellen — diese Möglichkeit bietet die EU-Verordnung.
- Der Test von Steuerern, insbesondere in der Unterkategorie A2, entspricht weitgehend dem, was heute schon von den anerkannten Stellen durchgeführt wird, und soll möglichst fortbestehen.

Und was bedeutet die EU-Regulierung für Inhaber des Kenntnisnachweises, dem sogenannten Drohnenführerscheins?
Die Entwürfe der EU-Verordnungen sehen Übergangsfristen für die mit dem EU-Recht vergleichbaren Zertifikate vor. Das LBA geht derzeit davon aus, dass die von den anerkannten Stellen ausgestellten Bescheinigungen mit den zukünftigen Zertifikaten in ihren Anforderungen vergleichbar sind. Wenn die Vergleichbarkeit gegeben ist, werden die erworbenen Kenntnisnachweise noch eine Gültigkeit von maximal drei Jahren nach Inkrafttreten der Verordnung haben.
Bestehende Kenntnisnachweise werden also wohl noch bis maximal 2022 ihre Gültigkeit behalten – unabhängig von der im Kenntnisnachweis eingetragenen Gültigkeitsdauer. Da Europarecht über nationalem Recht steht, gibt es auch keine Ausnahmeregelungen. Geplant ist, dass ab Sommer 2020 der europäische Kenntnisnachweis erworben werden kann. Hierfür muss aber eine neue Prüfung mit anderen Schwerpunkten und Fragen absolviert werden.

Konkret bedeutet dies, dass es mit Inkrafttreten der neuen EU-Drohnenregelung am 1. Juli 2020 auch einen neuen EU-Drohnenführerschein geben wird. Da die EU-Drohnenverordnung noch recht frisch auf dem Tisch liegt, sind auch zu den neuen Lizenzen und Nachweisen noch keine detaillierten Informationen verfügbar.
Erste Informationen zu den künftigen Drohnenführerscheinen können aber schon einmal zusammengefasst im Nachfolgenden nachgelesen werden:

Der „Kleine Drohnenführerschein":

- Für alle Steuerer bei über 250 g Abfluggewicht der Drohne vorgeschrieben.
- Onlinevorbereitungskurs inklusives eines Onlinetests.
- Details noch nicht bekannt, wohl geringes Niveau – ähnlich dem aktuellen „Online-Kenntnisnachweis" der Modellflugverbände.

Der „Große Drohnenführerschein":

- Insbesondere beim Einsatz einer Drohne mit mehr als 900 g Abfluggewicht oder Einsätzen innerhalb von Stadtgebieten erforderlich.
- Präsenzschulung beziehungsweise -test bei einem der anerkannten Schulungsunternehmen.
- Prüfungseinrichtung muss wie beim Kenntnisnachweis durch das Luftfahrt-Bundesamt anerkannt sein.
- Neben den bekannten Fachthemen des Kenntnisnachweises werden Zusatzthemen wie beispielsweise „Menschliches Leistungsvermögen" hinzukommen.

Für die Erlangung von Erlaubnissen für die SPECIFIC Categorie beziehungsweise das LUC-Zertifikat sind vom Antragsteller anwendungsspezifische Nachweise einzureichen, diese können beispielsweise Folgendes beinhalten:

- Praktische U-ROB-Sachkundeprüfung.
- Nachweis der praktischen Fähigkeiten im Prüfungsflug.
- Demonstration diverser Flugmanöver im manuellen Flugmodus ohne GPS-Unterstützung.
- Prüfungsdurchführung bei einem der anerkannten Schulungsunternehmen.

- Prüfungseinrichtung muss wie beim Kenntnisnachweis durch das Luftfahrt-Bundesamt anerkannt sein.

Für jegliche Genehmigungen und Flüge ist bis zum 1. Juli 2020 noch der „alte" Kenntnisnachweis gemäß § 21d LuftVO notwendig. Sobald die Schulungsunternehmen auch für den EU-Drohnenführerschein anerkannt sind, werden diese sicherlich entsprechende Angebote machen.

Es ist davon auszugehen, dass die aktuell erteilten Genehmigungen von Landesluftfahrtbehörden beim Inkrafttreten der neuen EU-Drohnenverordnung zum 1. Juli 2020 widerrufen werden. Dann ist ein neuer Antrag in der SPECIFIC Categorie notwendig oder gar nicht erforderlich, wenn die Drohne in die OPEN Categorie fällt.

SORA-GER-Verfahren

Mögliche Einsatzszenarien für zivile Drohnen sind zum Beispiel der reguläre Betrieb außerhalb der Sichtweite des Piloten oder der Betrieb über 25 kg Startmasse. Diese waren bis vor einigen Jahren in Deutschland praktisch nicht genehmigungsfähig beziehungsweise an massive räumliche Einschränkungen gebunden.

Dies hat sich 2017 geändert, denn seitdem gibt es SORA-GER – *Specific Operational Risk Assessment – GERmany*. In der noch geltenden NFL-1-1163-17 über die gemeinsamen Grundsätze des Bundes und der Länder für die Erteilung von Erlaubnissen und die Zulassung von Ausnahmen zum Betrieb von unbemannten Fluggeräten gemäß § 21a und § 21b Luftverkehrs-Ordnung (LuftVO)

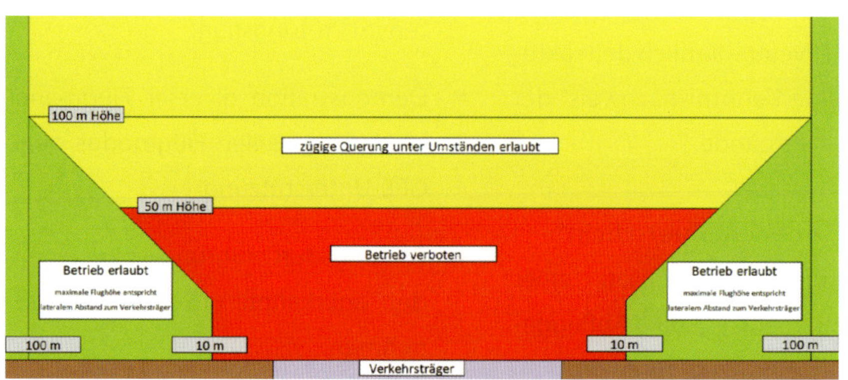

Die NFL-1-1163-17 erlaubt in nach der LuftVO verbotenen Bereichen Ausnahmen für Drohnenflüge, wenn der Fernpilot sich dem SORA-GER-Verfahren stellt. (Grafik: BMVI)

gibt es im Anhang erstmals ein solches Verfahren, das ein strukturiertes Vorgehen in der Risikobewertung verspricht. Die Einführung von SORA-GER, das eine Ableitung vom in der Entwicklung befindlichen internationalen Prozess JARUS (*Joint Authorities on Rulemaking for Unmanned Systems*) SORA ist, soll es Betreibern erleichtern, auch neuartige Flugeinsätze genehmigungsfähig darstellen zu können.

Auch für die von der EU ins Leben gerufene SPECIFIC UAS Category soll in diesem Fall der JARUS-SORA-Prozess den gleichen Zweck erfüllen. Die seit Sommer 2019 geltende Version der EASA Basic Regulation hebt bisherige Einschränkungen auf und weist die Zuständigkeit für den Drohnenflugbetrieb unter 150 kg Startmasse der EASA zu. Die EU-Verordnung für den Betrieb von UAS aus der EASA NPA sieht vor, dass die nationalen Luftfahrtbehörden die Durchführung dieser wahrscheinlich von SORA-GER abweichenden EASA-SORA-Prozesse übernehmen. SORA-GER wird dann spätestens im Sommer 2020 von diesen europäischen und internationalen Regeln abgelöst werden.

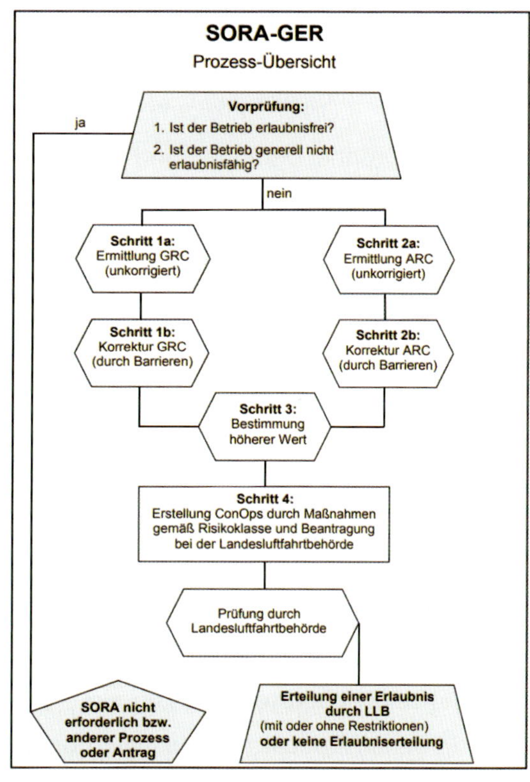

SORA-GER – die Prozessübersicht. (Grafik: BMVI)

Was die Drohnenbranche in jedem Fall benötigt, sind gute Ausgangsbedingungen und langfristige Investitionssicherheit für den internationalen Wettbewerb. Der mit den Behörden abgestimmte allmähliche Übergang von der nationalen in die neue EU-Regelwelt sollte also eins der Kernziele werden.

Beide SORA-Verfahren erfordern in jedem Fall die Erstellung von Betriebskonzepten (CONOPS-)Dokumenten durch den Drohnenbetreiber und eine fachliche Begutachtung durch sachverständige Prüfer. Die Drohnenluftfahrt benötigt in den nächsten Jahren den Aufbau einer effizienten Infrastruktur, um diese Prüf- und Genehmigungsvorgänge umsetzen zu können. Die Menge an zu erwartenden Risikobewertungen erfordert flächendeckend qualifiziertes und erfahrenes Luftfahrtpersonal, um länderübergreifende Betriebskonzepte mit der geforderten Fachkunde und Erfahrung in kurzer Zeit beurteilen zu können.
Es bedarf zusätzlicher Prüfstellen, um unabhängig und neutral künftige Betriebskonzepte für VLOS- und BVLOS-Flüge auf ihre Sicherheit hin zu begutachten, die dem Antragsteller bei der Genehmigung durch die jeweils zuständigen Luftfahrtbehörden unterstützend zur Seite stehen sollten.
Die Tür zu neuen Einsatzmöglichkeiten öffnet sich. Jetzt gilt es, diese neuen Wege behutsam zu beschreiten und nach und nach den sicheren Drohnenbetrieb auch außerhalb der bisherigen Beschränkungen in der Praxis umzusetzen und in der Praxis anzuwenden.

Drohnenversicherung

Neben der Kennzeichnungs- und Kenntnisnachweispflicht gibt es auch noch die Versicherungspflicht. Sie müssen vor dem ersten Start eine Drohnenversicherung abschließen. Die Nutzung einer Drohne ist nicht automatisch mit einer Haftpflichtversicherung abgedeckt.

Spezielle Drohnenversicherungen

Wichtig ist, die Ihre bestehende Haftpflichtversicherung zu prüfen. Gegebenenfalls kann die eigene Drohne zusätzlich mitversichert werden, ansonsten finden sich nachfolgend drei Beispiele für spezielle Drohnenversicherungen (ohne Gewähr auf Vollständigkeit und Richtigkeit):

Was, wenn die Drohne abstürzt?

Dann sind Fremdschäden durch die vorgeschriebene Haftpflichtversicherung abgedeckt. Und der eigene Schaden an der Drohne, der unweigerlich bei einem Sturz entstanden ist? Da wird es schwer. Es gibt Versicherungen, die so etwas absichern. Aber je teurer die Drohne in der Anschaffung ist, desto teurer ist entsprechend auch die Versicherungsprämie, und desto schwerer wird es, überhaupt einen Versicherer dafür zu finden.

	Delvag	R+V	HDI
Anbieter	Delvag	R+V	HDI
Policentyp	Luftfahrt-Haftpflicht	Luftfahrt-Haftpflicht	Luftfahrt-Haftpflicht
Geltungsbereich	geografisches Europa	weltweit (ohne USA/Kanada)	geografisches Europa
Aufpreis weltweit	ab 50 Euro	0 Euro	ab 17,85 Euro
Haftungstyp	Gefährdungshaftung	Gefährdungshaftung	Gefährdungshaftung
Wohnsitz Versicherungsnehmer	D/A	D	D
Gewerblicher Beitrag/ Jahresbeitrag ab ca.	130 Euro	105 Euro	120 Euro
Deckungssummen	1 Mio. Euro 3 Mio. Euro 5 Mio. Euro	1 Mio. Euro 2 Mio. Euro 3 Mio. Euro 5 Mio. Euro	1 Mio. Euro 1,5 Mio. Euro 3 Mio. Euro 4 Mio. Euro
Selbstbeteiligung	keine	keine	keine
Vertragslaufzeit	12 Monate	12 Monate	12 Monate
Versicherungssteuer	unbegrenzt	unbegrenzt	unbegrenzt
Max. Abfluggewicht	25 kg	25 kg	25 kg
Max. Anzahl versicherter Copter	unbegrenzt (max. 3 in der Luft)	1	bis zu 5 (max. 5 in der Luft)
Steuerung via Smartphone	erlaubt	erlaubt	erlaubt
Steuerung via FPV-Brille	erlaubt	erlaubt	erlaubt
Autonomer Betrieb	erlaubt (mit jederzeitiger Eingriffsmöglichkeit)	erlaubt (mit jederzeitiger Eingriffsmöglichkeit)	erlaubt (mit jederzeitiger Eingriffsmöglichkeit)
Fliegen fremder Copter mitversichert	nein	ja	nein

Blick ins Medienrecht

Unter dem Begriff „Medienrecht" findet sich eine Reihe von Themen, die aus Sicht eines Drohnenpiloten nicht ganz unwichtig sind. Allein wenn Aufnahmen in sozialen Netzwerken veröffentlicht werden, greift für jeden, der dort etwas veröffentlicht, bereits das Medienrecht. Hier spielen Begriffe wie Urheberrecht, Persönlichkeitsrecht und das Recht am eigenen Bild eine große Rolle.

Panoramafreiheit und Ensemblefreiheit

Gern wird bei diesem Thema das Schloss Neuschwanstein als Beispiel herangezogen. Wird dieses Schloss ohne vorherige Genehmigung aus der Luft mit einer Drohne gefilmt oder fotografiert und werden die Aufnahmen dann auf Fotoportalen veröffentlicht beziehungsweise einer kommerziellen Verwertung zugeführt, dürfte dies ein folgenschweres Schreiben der Schlossjustiziare zur Folge haben.

In der Luft greift die Panoramafreiheit nämlich nicht mehr, wenn Hilfsmittel wie Leiter, Selfiestick oder eine Drohne dabei verwendet werden. Die Panoramafreiheit gilt ausschließlich für Aufnahmen, die ohne Hilfsmittel auf dem Boden stehend und von einem frei zugänglichen Ort aus aufgenommen wurden. Alles was dann auf der Aufnahme zu sehen ist, fällt in der Regel unter die Panoramafreiheit.

Werke innerhalb eines Gebäudes oder durch bauliche Maßnahmen wie einen Zaun abgegrenzter Grundstücke können nur ausnahmsweise dann von § 59 des deutschen Urheberrechtsgesetzes erfasst sein, wenn ein öffentlicher Weg durch das Grundstück hindurchführt. Wer Zweifel hat, ob ein Weg öffentlich ist, sollte Nachforschungen anstellen, nachfragen und die entsprechenden Aussagen gerichtsfest dokumentieren.

Nicht selten kommt es zu einem Sinneswandel der Eigentümer von Grundstücken oder zu einer Neuwidmung zunächst öffentlicher Wege und damit zu einer Situation, die sich Jahre später nur schwer rekonstruieren lässt. Und genau hier liegt beispielsweise die berühmt-berüchtigte Schloss-Neuschwanstein-Problematik.

Da die Beweislast hier bei demjenigen liegt, der sich auf das Vorliegen einer Ausnahmeregelung für „Panoramafreiheit" beruft, ist vor allem bei einer kommerziellen Verwertung von Filmaufnahmen

Urheberrecht

Das Urheberrecht bezeichnet das subjektive und absolute Recht geistigen Eigentums in ideeller und materieller Hinsicht. Als objektives Recht umfasst es die Summe der Rechtsnormen eines Rechtssystems, die das Verhältnis des Urhebers zu seinem Werk regeln. Es bestimmt Inhalt, Umfang, Übertragbarkeit und Folgen der Verletzung des subjektiven Rechts. Das Urheberrecht schützt die Rechte am eigenen Werk, das man geschaffen hat. Derjenige ist der Urheber und hält alle Rechte daran. Urheberrechtlich geschützte Werke sind zum Beispiel Musikstücke, Filme, Fotos, Texte, Logos, Markenzeichen, Produkte, Kunstwerke, Software und eben auch Gebäude. Da sind es die Architekten oder deren Rechtsnachfolger, die das Gebäude entworfen und gebaut haben, die urheberrechtliche Ansprüche geltend machen könnten.

oder der gewerblichen Fotografie eine besonders sorgfältige Vorbereitung und Dokumentation erforderlich, wenn nicht das aufwendig erstellte Material mit dem Makel drohender Unterlassungs- und Vernichtungsansprüche belastet sein soll. Aber es gibt auch Ausnahmen, beispielsweise urheberrechtlich geschützte Gebäude. Wenn diese im Mittelpunkt einer Aufnahme stehen, wird es grenzwertig. Geht eine Drohne in die Luft, um Aufnahmen davon zu machen, greift die Panoramafreiheit also nicht mehr! Die Drohne wäre in diesem Fall das Hilfsmittel. Hier spricht man aber von einer sogenannten Ensemblefreiheit, sprich, solange ein Detail nicht im Mittelpunkt der Aufnahme steht, ist die Aufnahme auch nicht automatisch problematisch. Steht aber ein urheberrechtlich geschütztes Gebäude im Mittelpunkt der Aufnahme, ist bei Veröffentlichung Ärger vorprogrammiert. Da das Schloss Neuschwanstein bei seiner exponierten Lage aus der Luft aufgenommen als Objekt stets im Mittelpunkt stehen dürfte, kann man sich auch darauf nicht berufen. Kurzum, das Schloss ist urheberrechtlich geschützt und darf nur mit Genehmigung der Schlossverwaltung aufgenommen und veröffentlicht werden.

Panoramafreiheit

Die Panoramafreiheit – auch Straßenbildfreiheit genannt – ist eine Einschränkung des Urheberrechts. Sie macht es möglich, urheberrechtlich geschützte Werke, wie Gebäude, Kunst am Bau oder Kunst im öffentlichen Raum, die von frei öffentlich zugänglichen Standorten aus zu sehen sind, aufzunehmen und auch zu veröffentlichen. Dafür muss vorab der Urheber nicht um Erlaubnis gefragt werden. Unabhängig vom Urheberrecht können weitere rechtliche Gesichtspunkte einer Bildwiedergabe oder ihrer Verwertung entgegenstehen. Gemeint sind unter anderem das Eigentums- und das Hausrecht oder Persönlichkeitsrechte der Bewohner eines Gebäudes. Diese werden von der Panoramafreiheit üblicherweise nicht oder nur in einem engen Rahmen tangiert.

Verletzung der Persönlichkeitsrechte

Befindet sich auf der Aufnahme eine einzelne Person im Mittelpunkt, bedeutet dies – bei Veröffentlichung des Bilds – eine Verletzung der Persönlichkeitsrechte beziehungsweise des Rechts am eigenen Bild dieser Person. Ausnahmen bilden Personen wie Schauspieler und Politiker, die im öffentlichen Leben stehen. Ist die einzelne Privatperson dagegen Bestandteil einer Gruppe, die sich im öffentlichen Raum befindet, wäre eine Veröffentlichung dieser Aufnahme unproblematisch und würde kein rechtliches Nachspiel haben.

Datenschutz-Grundverordnung

Die *Datenschutz-Grundverordnung* (DSGVO) ist eine Verordnung der Europäischen Union, mit der die Regeln zur Verarbeitung personenbezogener Daten durch die meisten Datenverarbeiter, sowohl private wie öffentliche, EU-weit vereinheitlicht werden. Dadurch soll einerseits der Schutz personenbezogener Daten innerhalb der Europäischen Union sichergestellt und andererseits der freie Datenverkehr innerhalb des Europäischen Binnenmarkts gewährleistet werden.

Die Verordnung ersetzt die aus dem Jahr 1995 stammende Richtlinie 95/46/EG zum Schutz natürlicher Personen bei der Verarbeitung personenbezogener Daten und zum freien Datenverkehr.

Zusammen mit der sogenannten JI-Richtlinie, die nationale Mindeststandards für den Datenschutz in den Bereichen Polizei und Justiz setzt, bildet die DSGVO seit Mai 2018 den gemeinsamen Datenschutzrahmen in der Europäischen Union.

Grundsätzlich können beim Einsatz von Drohnen datenschutzrechtliche Vorschriften greifen. Das Datenschutzrecht ist nur bei Drohnen relevant, die über eine Bordkamera verfügen. Bereits das alte *Bundesdatenschutzgesetz* (BDSG) begrenzte das, was bei Drohnen erlaubt ist. Durch die nunmehr geltende DSGVO beziehungsweise das neu gefasste Bundesdatenschutzgesetz wurden diese Vorgaben nochmals bestätigt, konkretisiert und zum Teil verschärft. Grundsätzlich wird die DSGVO bei einer Drohne immer dann zum Thema, wenn personenbezogene Daten nicht nur für persönliche oder familiäre Zwecke erhoben und verwendet werden.

Auch Bildaufnahmen durch optisch-elektronische Geräte fallen unter den Grundbegriff der personenbezogenen Daten laut Art. 4 DSGVO – nämlich dann, wenn die Bilddaten sich auf „identifizierte beziehungsweise identifizierbare natürliche Personen" beziehen. Für die Nutzung und Verarbeitung solcher Daten setzt die DSGVO einen engen Rahmen. Grundsätzlich kann der Drohnenbetrieb mit drei rechtlichen Regelungsfeldern in Konflikt geraten:

1. **Unerlaubte Videoüberwachung**: Videoüberwachung ist laut § 4 BDSG-neu nur zur Erfüllung der Aufgaben öffentlicher Stellen, im Rahmen des Hausrechts oder bei berechtigten Interessen für konkrete Zwecke zulässig. In der Regel findet der private Drohnenflug aber nicht für Überwachungszwecke statt, sondern eher spontan und ungeplant durch eine Privatperson und nicht durch eine öffentliche Stelle. Daher dürfte ein Vorschriftenverstoß in diesem Bereich eher die Ausnahme sein.

2. **Verletzung des allgemeinen Persönlichkeitsrechts**: Bei Überflügen und Aufnahmen über privaten Grundstücken dringen Drohnen in die Privatsphäre Dritter ein. Dadurch kann das allgemeine Persönlichkeitsrecht nach Art. 2 Abs. 1 in Verbindung mit Art. 1 Abs. 1 GG verletzt werden. Eine Verletzung dieses durch das Grundgesetz geschützten Rechts durch Drohnen ist nicht erlaubt und auch nicht rechtfertigbar.
3. **Verletzung des Rechts am eigenen Bild**: Schließlich ist auch eine Verletzung des grundgesetzlich gewährleisteten Rechts am eigenen Bild denkbar, wenn von der Drohne angefertigte Bilder und Videoaufnahmen im Internet oder auf sozialen Medien ohne Einwilligung des Betroffenen verbreitet werden.

Welche Konsequenzen ergeben sich daraus? Aus den genannten Punkten lassen sich einige klare Empfehlungen für den Drohneneinsatz mit (und ohne) Kamera ableiten. Der Einsatz ist verboten, wenn Drohnen in die Privatsphäre Dritter eindringen. Bei aktivierter Kamera sollten keine (fremden) Privatpersonen aufgenommen werden – zumindest nicht, wenn sie eindeutig erkannt werden können und keine Einwilligung von ihnen vorliegt. Mindestens genauso vorsichtig sollte man beim Einstellen von Bildern oder Videos in das Internet sein.

5 EINSTIEG INS BUSINESS

intel
intel

5

Einstieg ins Business

Erste Schritte

Sollten Sie bereits eine Firma in der Baubranche haben, eine eigene Landwirtschaft besitzen oder ein Architekturbüro führen und Drohnen als Erweiterung Ihres Serviceangebots oder zur Erschließung neuer Geschäftsfelder einsetzen wollen, werden Ihnen einige der nachfolgend aufgeführten Informationen bekannt vorkommen, für andere ist es vielleicht eher Neuland und eine nützliche Hilfe. All jene, die sich erstmalig selbstständig machen möchten und Dienstleistungen mithilfe von Drohnen künftig anbieten wollen, müssen sich vor dem Start und dem Kauf einer Drohne Gedanken über den richtigen Businessrahmen und ihr künftiges Dienstleistungsangebot machen.

Erster Schritt ist die Recherche dahin gehend, wer im eigenen Umfeld bereits mit Dienstleistungen mithilfe von Drohnen wirbt. Was bieten die Mitwettbewerber genau an? Wo findet sich eine Nische für einen selbst? Und wie sieht es dort mit potenziellen Kunden aus?

Man muss von vornherein wissen, was potenzielle Kunden genau suchen. Deshalb ist es wichtig, zuerst Marktforschung zu betreiben, um Dienstleistungswünsche zu finden, die auch gebraucht werden. Es ist schon sehr wichtig, die Kundenbedürfnisse und die Branche, für die man arbeiten möchte, vorab kennenzulernen. Bei fast allen Anwendungen ist die Drohne lediglich das Werkzeug dafür, um Probleme effizient und kostengünstig zu lösen.

Bei Filmaufnahmen ist ein solches Problem beispielsweise der Kostendruck, der teure Helikopterflüge für Luftaufnahmen für viele Projekte unrentabel macht, oder mangelnde zeitliche Flexibilität. Für viele Inspektionsaufgaben sind es die Kosten und die komplizierte Logistik beim Nutzen von Kränen sowie Sicherheitsprobleme, die bei einem Einsatz von Kletterern auftreten, bei Drohnen jedoch nicht.

Wichtig ist, zu recherchieren, in welchem Umfeld potenzielle Kunden agieren und vor welchen Problemen und Herausforderungen sie stehen. Nur so kann man ihnen mithilfe einer Drohne eine effektive Lösung anbieten.

Bevor die Drohne abheben kann, müssen einige Schritte am Boden abgearbeitet werden.

Canon EOS 600D | 1/250 s | f/10 | 37 mm

Sind es vor allem niedrige Gesamtkosten im Vergleich zu bestehenden Drohnenalternativen, oder ist es die Flexibilität, mit der ein Drohnenflug wiederholt oder auf einen Moment mit besseren Wetterbedingungen verschoben werden kann? Oder ist die Präzision in den Aufnahmen und erstellten Modellen der entscheidende Faktor für einen erfolgreich aufgeführten Auftrag?

Eine weitere Differenzierung kann über den Angebotspreis vorgenommen werden. Hier den richtigen Preis beispielsweise für die eigene Dienstleistung zu finden, fällt vielen angehenden Selbstständigen in der Regel zunächst schwer. Welchen Preis die Kunden bereit sind zu zahlen, hängt von sehr vielen Faktoren ab. Darunter finden sich beispielsweise die Konkurrenz auf dem Markt, die Positionierung des eigenen Angebots und regionale Unterschiede. Die Analyse des Konkurrenzangebots kann erste Hinweise darauf geben, aber pauschale Vorgaben ergeben sich daraus nicht.

Die eigenen Betriebskosten muss man dem Kunden gegenüber nicht einzeln ausweisen, sie sollten aber zumindest in die eigene Kalkulation einfließen, um mehr als kostendeckend zu arbeiten. Um den richtigen Preis zu finden, sollte man nachfolgende Faktoren berücksichtigen:

1. **Anfahrtskosten**:
   Diese Kosten setzen sich aus Fahrzeugkosten und Fahrtzeiten zusammen. Die Kfz-Kosten sind die Summe aus Kraftstoff, Versicherungen, Reparaturen im Durchschnitt und Anschaffungskosten für das jeweilige Fahrzeug, deren Anteil auf einen pro gefahrenen Kilometer umgerechnet wird. Bei der Abrechnung der Fahrzeiten wird empfohlen, einen Abschlag auf den Stundensatz, der für die eigentliche Leistungserbringung verlangt wird, zu berechnen. Bei sehr kurzen Anfahrten innerhalb der eigenen Ortschaft wird auch häufig auf die separate Ausweisung der Anfahrtskosten verzichtet.

2. **Versicherungen**:
   Eine Haftpflichtversicherung für den Einsatz von Drohnen ist gesetzliche Pflicht. Für den gewerblichen Drohneneinsatz muss zwingend eine spezielle Haftpflichtversicherung abgeschlossen werden, die den gewerblichen Einsatz abdeckt. Zusätzlich ist

hier gegebenenfalls eine weitere Versicherung zu berücksichtigen, mit der die Ausrüstung gegen Beschädigung oder Verlust abgesichert ist.

3. **Genehmigungen**:
   Für Genehmigungen, die bei den zuständigen Landesluftfahrtbehörden zu beantragen sind, werden Verwaltungsgebühren erhoben. Dies kann zum einen eine Allgemeinverfügung sein, die in der Regel für ein Jahr gilt, zum anderen eine Einzelgenehmigung, die für einen speziellen Auftrag beantragt werden muss.
4. **Know-how**:
   Mit langjähriger Erfahrung und nachweisbarem Können sollten Sie einen höheren Preis für den Einsatz verlangen als ein Neuling oder Quereinsteiger. Mit gültigen Kenntnisnachweisen, Weiterbildungszertifikaten, Referenzen etc. kann das eigene Know-how zusätzlich belegt werden.
5. **Preisniveau**:
   In Großstädten und wohlhabenderen Regionen wie beispielsweise München liegt das Preisniveau höher als in einer ländlichen Region wie etwa in Mecklenburg-Vorpommern.
6. **Mehrwert**:
   Löst die angebotene Dienstleistung ein wichtiges Problem des Kunden, stellt es einen entscheidenden Mehrwert für ihn dar.

Wenn man eine Nische für sich entdeckt hat, die vielversprechend für die Existenzgründung zu sein scheint, folgen nun die nächsten Schritte:

1. **Gewerbeanmeldung**
   Bei der Gewerbeanmeldung sollte man sich vorab genau überlegen, was man als Tätigkeit in dem Formular angibt. Fakt ist, dass Sie um eine „Zwangsmitgliedschaft" entweder bei der Industrie- und Handelskammer (IHK) oder bei der Handwerkskammer nicht herumkommen. Wählt man beim Ausfüllen des Gewerbeanmeldungsformulars den Begriff „Dienstleistung", landet man bei der IHK. Wählt man dagegen den Begriff „Fotograf", meldet sich die Handwerkskammer und freut sich über einen neues Mitglied in ihren Reihen. Darüber hinaus sollten mit der Gewerbeanmeldung auch das zuständige Finanzamt sowie die Krankenkasse von dem Schritt in die Selbstständigkeit in Kenntnis gesetzt werden.

Mit der Gewerbeanmeldung wird die Aufnahme einer selbstständigen Tätigkeit beim zuständigen Gewerbeamt angezeigt. (Bild: Name)

2. **Drohnenmarkt-Sichtung**

   Ist eine erfolgversprechende Nische für die Tätigkeit gefunden, geht's jetzt daran, auch die richtige Drohne für die angestrebte Dienstleistung zu finden. Hier hängt es natürlich insbesondere davon ab, welches Investitionsbudget zur Verfügung steht. Wichtig ist, dass man sich nicht von Beginn an verzettelt, sondern sich erst einmal auf eine Dienstleistung konzentriert. Trotzdem sollte man im Auge behalten, dass die Drohne entweder flexibel einsetzbar oder aber gegebenenfalls leicht umrüstbar ist. Aufgrund der neuesten Marktentwicklung ist es mittlerweile kein großer Kostenfaktor mehr, sich für das eigene Dienstleistungsangebot eine spezielle Drohne anzuschaffen. Sollten sich dann mit der Verbesserung des eigenen Know-hows weitere Geschäftsfelder ergeben, ist es mit geringerem finanziellem Aufwand verbunden, eine weitere Drohne anzuschaffen, die für dieses Geschäftsfeld geeignet ist.

3. **Kenntnisnachweis**

   Für den Betrieb von Flugmodellen und unbemannten Luftfahrtsystemen ab zwei Kilogramm ist ein Kenntnisnachweis erforderlich – der sogenannte Drohnenführerschein. Der Nachweis erfolgt durch a) eine gültige Pilotenlizenz, b) eine Bescheinigung nach der Prüfung durch eine vom Luftfahrt-Bundesamt anerkannte Stelle, Mindestalter 16 Jahre, c) eine Bescheinigung nach Einweisung durch einen Luftsportverein (gilt nur für Flugmodelle), Mindestalter 14 Jahre.

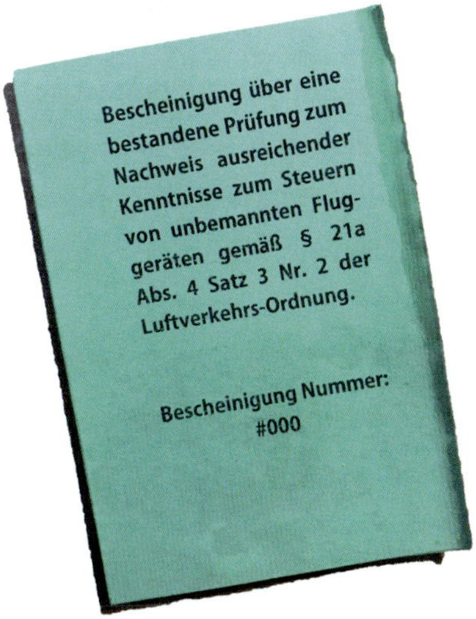

Diesen „Lappen" – deutscher Kenntnisnachweis oder auch Drohnenführerschein genannt – muss ein Fernpilot stets bei sich führen. Bleibt zu hoffen, dass die europäische Variante ab Sommer 2020 eine deutlich professionellere Aufmachung bekommt.

   Die Bescheinigungen gelten für fünf Jahre. Für den Betrieb auf Modellfluggeländen ist kein Kenntnisnachweis erforderlich.

4. **Auftragsakquise**

   Eine gute Dienstleistung ist die Grundlage für jeden unternehmerischen Erfolg, aber wertlos, wenn sie keiner kennt! Ein wichtiger Aspekt, mit dem man sich auseinandersetzen muss, ist die Kunden- beziehungsweise Auftragsakquise. Wie bereits erwähnt, muss man die Kunden und den Markt, in dem man sich bewegen möchte, kennen. Mit diesem Wissen kann man das eigene Angebot optimal präsentieren und bei potenziellen Kunden bekannt machen. Hier sollte man den Schwerpunkt auf eine gute Onlinepräsentation legen.

   Eine weitere Option ist die Registrierung auf Onlineplattformen, die Drohnenpiloten und Kunden zusammenbringen. Auch Werbung in den sozialen und analogen Medien sollte man nicht vernachlässigen. Im digitalen Zeitalter ist die Kaltakquise, eine persönliche Kontaktaufnahme ohne vorherige Geschäftsbeziehung oder Einwilligung des potenziellen

Kunden, ebenfalls ein wichtiges Mittel zur Gewinnung von neuen Kunden und Aufträgen.

Zwischen Theorie und Praxis liegen oftmals Welten, so natürlich auch im florierenden Drohnengewerbe. Der Weg geht zwar steil nach oben, trotzdem befindet sich die Drohnendienstleistung in einer Konsolidierungsphase. Betriebe geben aufgrund der rechtlichen Rahmenbedingungen auf oder fusionieren mit anderen Anbietern, um so effizienter im Markt agieren zu können. Fakt ist, dass es im Dienstleistungsmarkt rund um das Thema Drohneneinsätze ein erhebliches Entwicklungspotenzial gibt. Einsteiger sollten sich also genau überlegen, wie und mit welchem Dienstleistungsangebot sie von dem Hype am Himmel partizipieren wollen beziehungsweise können.

Plattform für Start-ups

Der Luftfahrtkoordinator der Bundesregierung, Thomas Jarzombek (CDU), strebt den Aufbau einer Plattform für die Drohnenökonomie an, die Kommunen und Anbieter von Drohnendienstleistern zusammenbringen soll. „Viele Lösungen sind für die öffentliche Hand sehr interessant, beispielsweise Medikamententransporte für Krankenhäuser, Statiktests bei Brücken oder Luftbilder für die Feuerwehr", erklärt Jarzombek.

Und weiter: „Drohnen können oft statt Hubschrauber eingesetzt werden und dabei auch Kosten und Zeit sparen. Allerdings kennen die Verantwortlichen in den Kommunen mögliche Lösungen oft nicht oder können nur schwer einschätzen, welcher Anbieter das wirklich beherrscht. Für Start-ups ist es daher schwierig, den Markt zu erschließen!"

„Wir wollen eine Struktur aufbauen, um die Auftraggeber und die Start-ups zusammenzubringen. Die müssten dann nicht von Kommune zu Kommune laufen. Als Nächstes sprechen wir mit den Verbänden, wie so eine Plattform aussehen kann", so Jarzombek.

In der Folge könnte das auch auf andere Bereiche ausgeweitet werden, denn der Luftfahrtkoordinator, der auch Beauftragter des Bundeswirtschaftsministeriums für Digitale Wirtschaft und Start-ups ist, will generell dafür sorgen, dass die öffentliche Hand verstärkt Produkte und Services von jungen Unternehmen einkauft.

Thomas Jarzombek, Koordinator der Bundesregierung für Luft- und Raumfahrt sowie Beauftragter des Bundeswirtschaftsministeriums für Digitale Wirtschaft und Start-ups. (Bild: Tobias Koch)

Thomas Jarzombek

Thomas Jarzombek bündelt als Koordinator für Luft- und Raumfahrt der Bundesregierung die Maßnahmen der Bundesregierung zur Stärkung der internationalen Wettbewerbsfähigkeit der deutschen Luft- und Raumfahrt in den Bereichen Forschung und Entwicklung. Darunter fallen auch die Drohnenwirtschaft und deren Entwicklung. Zusätzlich zu seiner Aufgabe als Luft- und Raumfahrtkoordinator ist Thomas Jarzombek seit August 2019 der Beauftragte vom Bundeswirtschaftsministerium (BMWi) für die Digitale Wirtschaft und Start-ups. Der Dialog mit den Akteuren der Digitalwirtschaft und der Austausch mit Start-ups stellen hierbei seine Arbeitsschwerpunkte dar. Sein Ziel ist es, den digitalen Markt für Start-ups und den Mittelstand weiter zu öffnen sowie die Rahmenbedingungen für einen internationalen Markt zu verbessern.

Welche Drohne aus dem großen Angebot ist am besten geeignet, um in dem herausgefilterten Bereich die Bedürfnisse befriedigen zu können?

Canon EOS 80D | 1/200 s | f/4 | 29 mm

Entscheidungshilfe für eine Drohne

Für welche Drohne soll man sich entscheiden? Schwere Frage, Antworten darauf sind von vielen individuellen Faktoren abhängig.

Am besten erstellen Sie sich eine Liste, in der Sie aufnehmen, was die Drohne und die nicht ganz unwichtige Kamera können und welche darüber hinausgehenden Bedürfnisse erfüllt werden müssen. Dann sollte die aktuelle Angebotspalette auf dem Markt betrachtet werden. Der eigene Geldbeutel spielt natürlich dabei auch noch eine Rolle! Fallen zwei oder mehr Drohnen in die engere Wahl, sollte eine Pro-und-Kontra-Liste erstellt werden, anhand deren dann der Favorit herausgefiltert werden kann.

Quadro-, Hexa- und Octocopter

Multicopter sind unbemannte Flugobjekte (engl. *Unmanned Aerial Vehicle, UAV*) und eher ein Oberbegriff für alle Drohnen mit mehr als zwei Rotoren in einer Ebene. Somit zählen auch Quadro-, Hexa- und Octocopter dazu.

Wichtige Multicopter-Bauformen im Detail

Die wichtigsten Multicopter-Bauformen beschränken sich auf Quadrocopter, Hexacopter und Octocopter:

- **Quadrocopter**
  Der Begriff „Quadro" leitet sich vom lateinischen Wort „quadrum" = Viereck ab. Alle aktuell gängigen Quadrocopter weisen die sogenannte X4-Bauform auf. Die Verbindungen zu den Rotoren/Motoren sind wie ein X auf einer Ebene angeordnet.

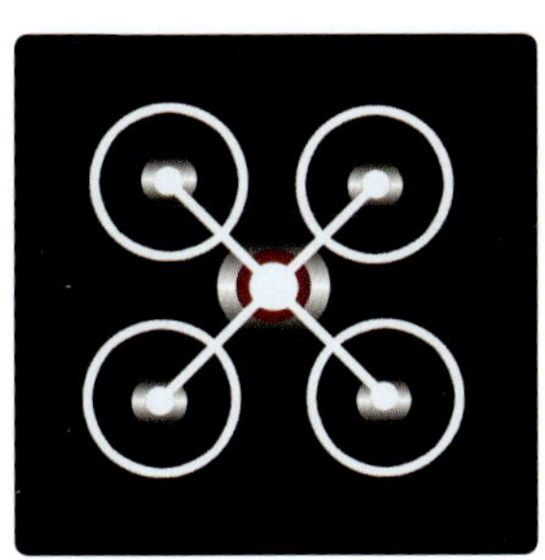

- **Hexacopter**
  „Hexa" stammt von der griechischen Vorsilbe „hexa..." und steht für die Zahl Sechs. Folglich besteht ein Hexacopter aus sechs Rotoren, die ebenfalls in einer Ebene angeordnet sind. Mit einem Hexacopter ist es in der Regel möglich, mit höheren Lasten aufzusteigen, zum Beispiel mit schwereren und/oder größeren Kamerasystemen und größeren Akkus, um die Flugzeiten zu verlängern. Durch das größere Eigengewicht gewinnt ein Hexacopter auch an Stabilität in der Luft. Darüber hinaus bietet er ein höheres Maß an Absturzsicherheit. Fällt ein Rotor aus, kann dieser Copter auch mit nur fünf Rotoren immer noch sicher gelandet werden.

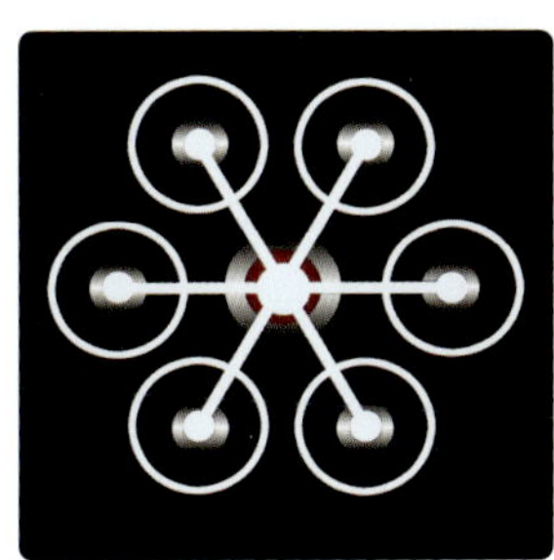

- **Octocopter**

  „Octo" leitet sich ab von der griechischen Vorsilbe „octa..." und steht für die Zahl Acht. Hier sind also acht Rotoren in einer Ebene angeordnet. Diese Copter-Bauform dient Schwerlasteinsätzen. Da die acht Rotoren einen wesentlich höheren Auftrieb erzeugen, können schwere Spiegelreflexkameras (DSLR) oder Videokameras bis hin zu Nutzlasten ohne Probleme abheben und transportiert werden.

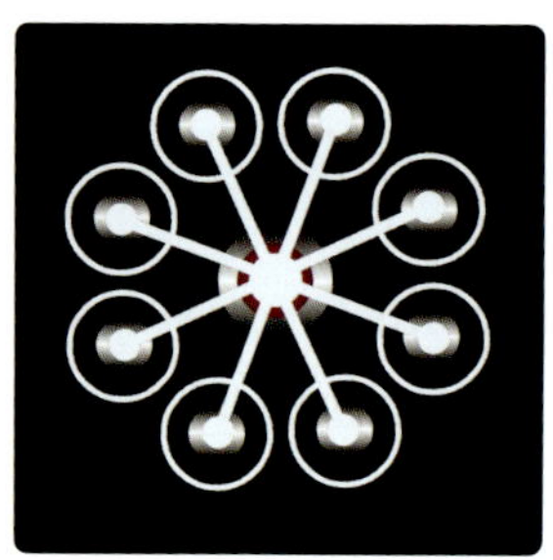

Drohnentechnik

Ein UAS, also ein unbemanntes Flugsystem, besteht aus verschiedenen Komponenten, deren Bedeutung und Funktion man als Pilot kennen und beherrschen sollte.

Wichtige Komponenten eines UAV

- **Flugcontroller**

  Das „Herz" einer Drohne. Hier werden alle Informationen von IMU, GPS-Empfänger, Kompass und Fernsteuerungsempfänger zentral gebündelt und verarbeitet, und die einzelnen Komponenten werden dann entsprechend der Datenauswertung angesteuert.

- **IMU**

  Die *Inertial Measurement Unit* ist der Beschleunigungs- und Lagesensor. Die IMU liefert dem Controller alle relevanten Lagedaten sowie Informationen zur Beschleunigung und übermittelt mit Unterstützung des Barometers Angaben zur aktuellen Flughöhe. In der IMU sind drei Sensoren integriert: Barometer (Höhenmesser), Gyroskop (Winkel-, Neigungs- und Geschwindigkeitsmesser) und Accelerometer (Beschleunigungsmesser).

- **Barometer**
  Verantwortlich für die Ermittlung der jeweils aktuellen Flughöhe des Luftfahrzeugs.
- **Kompass**
  Zuständig für die Richtungserkennung des Fluggeräts. Eine Kalibrierung ist insbesondere vor dem ersten Start nach Erwerb sinnvoll und notwendig. Ansonsten sollte eine Drohne kalibriert werden, wenn zwischen dem üblichen Startpunkt und einem neuen Startpunkt eine größere Entfernung zurückgelegt wurde.
- **GPS-Satellitenempfänger**
  Das *Global Positioning System* (GPS) dient der Ermittlung der exakten Positionsdaten der Drohne über die GPS-Antenne. Mehr als 30 GPS-Satelliten befinden sich aktuell in der Erdumlaufbahn. Ab einem Empfang von vier Satellitensignalen ist eine Positionsermittlung möglich, ein absolut sicherer Flug ist ab einem Empfang von mehr als zehn Satelliten gegeben.
- **Fernsteuerungssignalempfänger**
  In der Regel integriert in den Flugcontroller oder auf der Hauptplatine des Copters. Folgende Steuerbefehle werden an den Empfänger gesendet: Steigen/Sinken, vorwärts/rückwärts, links/rechts sowie Drehen, außerdem: Umschalten zwischen den verschiedenen Flugmodi, Gimbal-Kontrolle und, sofern vorhanden, Bedienung des Landfahrgestells.
- **Motoren**
  Vier bis acht je nach Drohnentyp, ausgestattet ausschließlich mit Brushless-Antrieb. Die bürstenlosen Aggregate haben zwei große Vorteile: Die Drehzahl ist präzise steuerbar, und Änderungen der Drehzahl sind schnell umsetzbar. Darüber hinaus gibt es außer dem Motorlager keine weiteren Verschleißteile. Insofern sind diese Motoren besonders wartungsarm und entsprechend langlebig. Nachteil der Brushless-Motoren? Sie benötigen eine weitere wichtige Komponente, den ESC, der unter dem nächsten Punkt erläutert wird.
- **ESC**
  Electronic Speed Control, die elektronische Geschwindigkeitskontrolle. Pro Motor gibt es einen ESC. Während es bei „normalen" Motoren ausreicht, die Spannung zu verringern oder zu erhöhen, um eine Drehzahlveränderung zu erreichen, ist bei den Brushless-Motoren die ESC-Komponente

zusätzlich erforderlich. Der ESC befindet sich zwischen Flugcontroller und Motor.

- **Akku**
  Versorgung aller Drohnenkomponenten mit Energie.
- **Stromverteiler**
  Sorgt dafür, dass alle Bauteile, die Energie benötigen, auch mit der richtigen Spannung vom Start bis zur Landung versorgt werden.

Neben den oben aufgeführten Standards gibt es weitere Komponenten, die sich ebenfalls in Drohnen befinden können:

- eine einziehbares Landegestell,
- Bildübertragung digital oder analog (FPV),
- Flugdatenübertragung (OSD),
- Flugdatenaufzeichnung und natürlich
- eine Kamera mit Gimbal-System.

Wenn alle Bauteile aufeinander abgestimmt, Kalibrierungen einwandfrei und Akkus leistungsfähig sind, steht einem störungsfreien Flug nichts im Wege.

Gimbal = kardanische Aufhängung

Die kardanische Aufhängung oder Lagerung (engl. Gimbal) ist eine Lagerung in zwei sich schneidenden zueinander rechtwinkligen Drehlagern. Sie wird zum Beispiel auf Schiffen bei Messinstrumenten oder anderen Gegenständen benutzt. Dabei befindet sich der Schwerpunkt des zu lagernden Objekts unterhalb des Schnittpunkts der Drehachsen, sodass das Objekt eine Neigung seiner Umgebung nicht mitmacht.

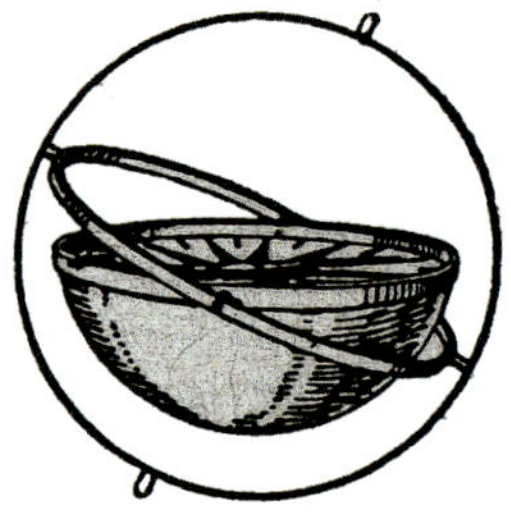

So sieht, schematisch dargestellt, die kardanische Aufhängung eines Schiffskompasses aus. Der äußere Ring ist fest mit dem Schiff verbunden, seine zwei Stifte zeigen die Neigung des Schiffs an. (Bild: Name)

Eine kardanische Aufhängung wurde vermutlich schon um 280 bis 220 v. Chr. von Philon von Byzanz verwendet. Er hängte so sein Tintenfass auf, um der Gefahr zu begegnen, es versehentlich umzustoßen. Heute ist sie im Bereich der Multicopter ein wichtiger Bestandteil für verwacklungsfreie Aufnahmen, auch während sich der Copter selbst bewegt.

Lithium-Polymer-Akku

Lithium-Polymer-Akkus, kurz LiPos genannt, sind sensible Komponenten eines UAS, die entsprechend pfleglich behandelt werden sollten. Stürze oder sonstige grobe Einwirkungen sollten vermieden werden, da schnell ein Akkubrand die Folge sein kann. Und wenn ein LiPo-Akku erst einmal brennt, dann brennt er. Löschversuche sind absolut zwecklos. Raus ins Freie und brennen lassen, heißt dann die Devise.

Die LiPo-Akkus bestehen aus mehreren Einzelteilen, die miteinander verbunden und zu einem Akkupaket zusammengefasst sind. Es gibt bei den Systemen zwei bis sechs dieser Einzelzellen in einem Akku, erkennbar an den Bezeichnungen 2S für zwei Zellen, 3S für drei Zellen bis hin 6S für sechs Zellen.

Ein wichtiger Wert für den Piloten ist der Spannungswert, in Volt (V) angegeben. Die Nennspannung einer einzelnen Zelle beträgt 3,7 V. Da die Zellen in dem Akkupaket in Reihe geschaltet sind, können die Spannungen der einzelnen Zellen zu einer Gesamtspannung des Pakets addiert werden. Heißt: Ein 3S-Akku hat eine Nennspannung von 11,1 V. Bei einem DJI Inspire 2 sind sechs Einzelzellen in dem Akku enthalten, die Gesamtspannung bei Lagerung des Akkus liegt also bei 22,2 V.

LiPo-Ladegerät und verschiedene LiPo-Akkus auf einen Blick.

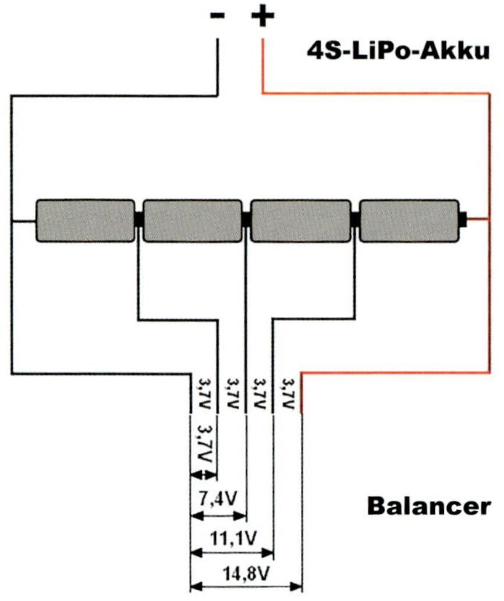

Schematische Darstellung eines 4S-LiPo-Akkus. Die Ladung wird in die einzelnen Zellen eingespeist, der Balancer sorgt für eine gleichmäßige Verteilung der Spannung. (Grafik: Name)

Der andere wichtige Wert ist die Ladungskapazität, die in Milliampere-Stunden (mAh) angegeben wird. Hier gilt: Je größer dieser Wert ist, desto länger kann ich auch in der Luft bleiben. Beim Laden der Akkus ist es wichtig, den maximalen Ladestrom zu beachten. Bei herstellereigenen Akkus sind die Ladegeräte, die zum Lieferumfang gehören, so ausgelegt, dass der Ladestrom automatisch beachtet wird. Bei Alternativakkus ist es wichtig, darauf zu achten, mit dem richtigen Ladestrom zu arbeiten. Dies muss zwingend im Ladegerät vorher eingestellt werden, bevor mit der Ladung des Akkus begonnen wird.

Der Wert des maximalen Ladestroms wird mit einer Zahl und einem nachgestellten „C" (für Charge) gekennzeichnet. Steht dort also 4C, darf dieser Akku mit der vierfachen Menge der angegebenen Kapazität geladen werden.

Beispiel: Auf dem LiPo steht *5.000 mAh.* Dieser Wert kann bei 4C dann mal 4 genommen werden: also 5.000 mAh mal 4 gleich 20.000 mAh. Das entspricht 20 A. Dieser LiPo darf also mit maximal 20 A geladen werden. Sollte auf einem Akku die C-Angabe fehlen, darf dieser Akku nur mit maximal 1C geladen werden. Das würde bei einer Kapazität von 5.000 mAh einen Ladestrom von 5.000 mAh gleich 5 A bedeuten. Ein höherer Ladestrom kann den Akku schädigen. Mit niedrigerem Ladestrom hingegen kann eine etwas längere Lebensdauer erzielt werden.

Wie bereits beschrieben, hat ein LiPo eine Nennspannung von 3,7 V. Die Ladeschlussspannung liegt bei 4,2 V. Diese Ladeschlussspannung ist zum vollständigen Laden eines LiPos notwendig und wird in das Ladegerät eingetragen. Wird eine niedrigere Spannung eingetragen, wird der LiPo nicht ganz voll geladen. Dies bedeutet, dass die Benutzung eines LiPos in einem Spannungsfenster zwischen 3 und 4,2 V stattfindet.

Anders als bei normalen Akkus darf die Spannung der einzelnen Zellen nicht unter 3 V sinken!

Ein normales Ladegerät oder Netzteil ist nicht zum Laden von LiPos geeignet. LiPo-Akkus müssen mit einem speziellen Ladegerät geladen werden, das einen Balancer-Anschluss besitzt. Der Balancer sorgt dafür, dass die Spannung gleichmäßig auf die einzelnen Zellen verteilt wird. Während des Ladevorgangs sollte der LiPo nicht aus den Augen gelassen werden und am besten in einem geeigneten feuerfesten Behältnis (z. B. LiPo-Sack) untergebracht sein. Wenn er dann mal zu brennen anfängt, kann er mittels des feuerfesten LiPo-Sacks noch mit den Händen nach draußen befördert werden.

Auch die Lagerung eines LiPos sollte ausschließlich in einem feuerfesten Behältnis erfolgen. Hier eignen sich hervorragend alte Munitionskisten, die z. B. bei eBay für wenig Geld zu ersteigern sind. Ein, zwei kleine Löcher in den Deckel gebohrt, und schon sind diese Kisten sichere Verwahrorte für LiPo-Akkus.

Besitzen Sie ein Ladegerät mit manueller Wahlmöglichkeit von Zellenanzahl, Ladestrom und Ladeschlussspannung, ist unbedingt darauf zu achten, dass alle Werte korrekt eingestellt werden. In unserem Beispiel müsste also eine Zellenzahl von 3S, eine Ladestrom von 20 A und eine Ladeschlussspannung von 4,2 V eingestellt werden.

Zusammenfassung:

- In unserem oben angeführten Beispiel liegt eine LiPo-Kapazität von 5.000 mAh vor,
- ein maximaler Ladestrom von 4C = 20 A ist möglich,
- der Akku hat eine Ladeschlussspannung von 4,2 V
- und eine Gesamtspannung bei 3S von 11,1 V.

Wird ein LiPo längere Zeit (zwei bis drei Wochen) nicht verwendet, sollte er zum Lagern auf ca. 50 Prozent seiner Kapazität – ca. 3,8 V – geladen werden. In diesem Zustand ist der chemische Zerfall der Zellen am geringsten. Da sich ein LiPo im ungenutzten Zustand entlädt, sollte er zwischendurch überprüft werden. Während einer längeren Lagerung kann es zu einer schädlichen Tiefenentladung kommen.

Außerdem ist Folgendes zu beachten:

- Achten Sie auf eine verpolungssichere und gut sitzende Steckverbindung.

- Beim Laden sollte sich ein LiPo in einem feuerfesten Behältnis befinden.
- Laden Sie niemals einen heißen LiPo und lassen Sie nach dem Flug den Akku unbedingt erst abkühlen.
- Nutzen Sie einen LiPo nur bei einer Umgebungstemperatur von +18 bis +40 Grad Celsius. Ansonsten muss der Akku mittels LiPo-Wärmekoffer oder Ähnlichem auf 40 Grad Celsius vorgeheizt werden. Andernfalls verliert er schnell an Spannung, und die Flugzeit sinkt rapide schnell ab.
- Stecken Sie nach dem Flug den LiPo ab! Auch ein geringer Verbrauch kann zu einer Tiefenentladung führen.

Achtung, Gefahr!

Ein LiPo kann sich bei falschem Aufladen oder falschem Gebrauch aufblähen. Der Akku kann sogar während einer wochenlangen Lagerung einfach so zu brennen beginnen und dabei sehr starken Rauch entwickeln, der ganze Räume und Einrichtungen in Mitleidenschaft ziehen kann. Dies geschieht meist jedoch nur bei falscher Handhabung wie beispielsweise mechanischer Beschädigung, Überladung oder Laden im heißen Zustand. Ist ein LiPo stärker aufgebläht, sollte er nicht mehr verwendet, sondern entsorgt werden.

Die IOC-Flugmodi des Yuneec Typhoon H auf einen Blick.

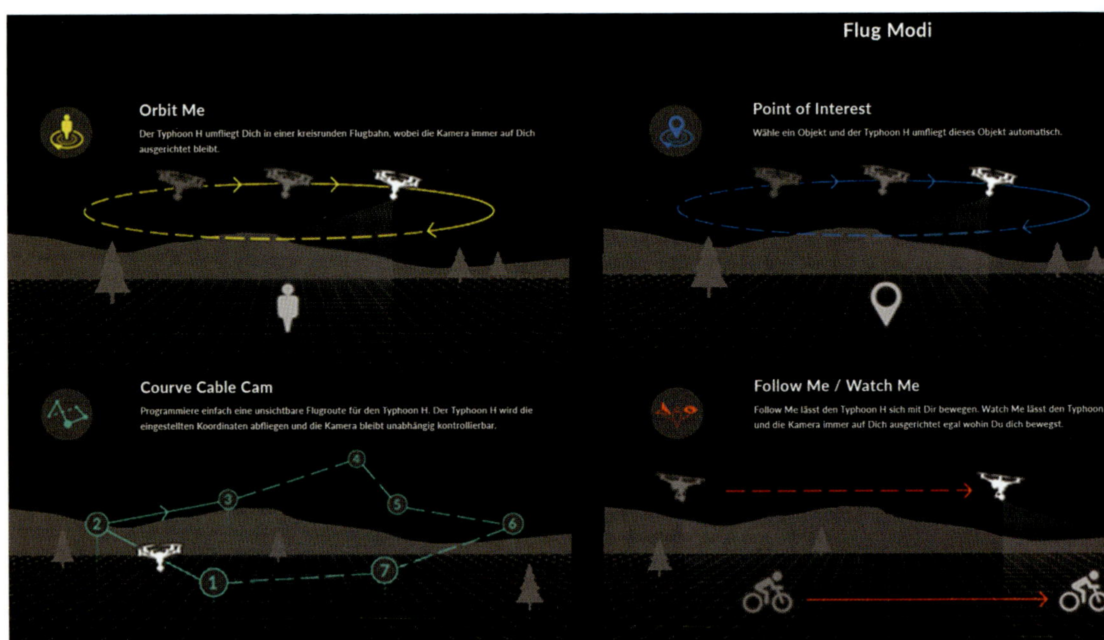

Kommt eine LiPo-Spannung während des Flugs in einen kritischen Bereich, signalisiert das die Fernbedienung. Man sollte dann unverzüglich mit dem Copter landen. Fliegt man weiter, sinkt die Zellspannung unter 3 V, der LiPo wird tiefenentladen und somit zerstört.

Standardflugmodi im Detail

Eine Drohne verfügt heutzutage in der Regel über zwei Standardflugmodi – GPS und ATTI. Nachfolgend die beiden Modi im Detail:

- **GPS-Modus**
  In diesem Modus wird UAV über die GPS-Koordinaten gesteuert und exakt auf Position gehalten, wenn die Steuerknüppel nicht bedient werden. Die Daten empfängt er per Antenne von den GPS-Satelliten. Voraussetzung: Es stehen genügend Satelliten zum Empfang zur Verfügung. Dieser Modus ist auf jeden Fall für ungeübte Piloten sinnvoll, da nur wenig Erfahrung erforderlich ist. Wird der Steuerknüppel losgelassen, bleibt die Drohne auf der Höhe und an der Position stehen, egal welche Windverhältnisse herrschen! Für perfekte Fotoaufnahmen ist dieser Modus hervorragend geeignet, für Videoaufnahmen ist dagegen Fingerspitzengefühl notwendig. Denn wenn im GPS-Modus bei laufender Videoaufnahme das Fluggerät abrupt vom Steuerer gestoppt wird, ist das natürlich auf der Aufnahme als unschöner Effekt mit enthalten.

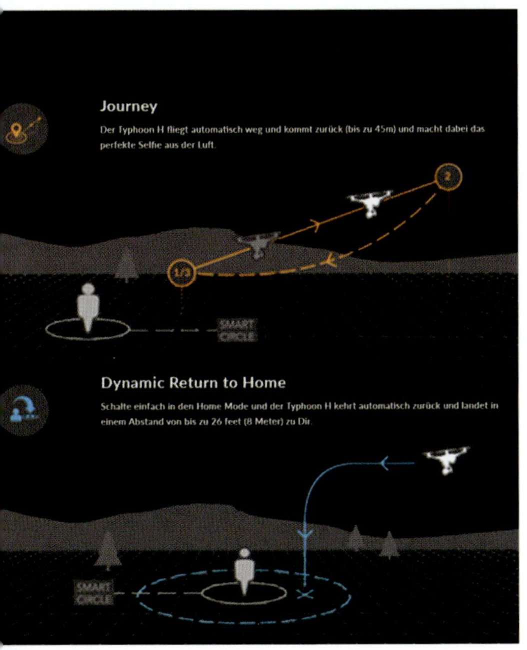

- **ATTI-Modus**
  ATTI ist die Kurzform für *Attitude* und bedeutet „Fluglage“. In diesem Modus hält das Fluggerät lediglich die Höhe automatisch, eine exakte Positionierung per GPS-Signal erfolgt hier nicht. Das heißt, dass der Pilot die Position seines Fluggeräts stets im Auge behalten und manuell per Joystick korrigieren muss.

Hier gibt es natürlich keinen abrupten Bremseffekt; wenn der Steuerknüppel losgelassen wird, fliegt der Copter weiter in die Richtung, in die er gerade gesteuert wurde. Abgebremst werden muss mit einer entgegengesetzten Steuerbewegung. Für Fotoaufnahmen ist das ungeeignet, für Videoaufnahmen dagegen gut geeignet. Der Pilot kann die Drohne so deutlich weicher fliegen, und unschöne Stoppszenen treten nicht auf. Allerdings ist dafür einiges an Übung notwendig, um diesen Modus sicher zu beherrschen. Unabhängig davon, ob er ihn für Filmaufnahmen nutzen will oder nicht, ist es für jeden Piloten wichtig, diesen Modus im Griff zu haben. Fällt einmal das GPS-Signal aus, kann im ATTI-Modus das Fluggerät trotzdem sicher zum Startpunkt zurückgeflogen und gelandet werden.

Neben den gerade beschriebenen Standardmodi gibt es mittlerweile zahlreiche IOC-Flugmodi. Das sind Modi, die eine intelligente Orientierungskontrolle (IOC = *Intelligent Orientation Control*) bieten. Diese funktionieren alle ausschließlich im GPS-Modus mit ausreichendem Signalempfang.

Flug- und/oder Aufnahmemodi

Folgende Flug- und/oder Aufnahmemodi sind unter anderem bei den gängigen Modellen aktuell mindestens verfügbar: *Follow Me, Waypoints, Point of Interest* und *Return to Home*. Darüber hinaus gibt es noch weitere wie beispielsweise *Watch Me, Home Lock, Course Lock, Journey, TapFly* oder *Active Track*.

Die Modi im Detail kurz erklärt:

1. **Watch Me**
   Hier folgt die Drohne dem Piloten, und die Kamera ist immer auf den Steuerer ausgerichtet, egal wohin er sich bewegt.

2. **Follow Me**
   Hier wird das Fluggerät vom Piloten an einer virtuellen Leine geführt und folgt ihm „auf Schritt und Tritt".

3. **Waypoints**
   Bedeutet Wegpunktnavigation. Hier können in der App Punkte vorgegeben werden, die die Drohne dann automatisch nacheinander abfliegt.

4. **Point of Interest**
   Hier wird ein Objekt ausgewählt und markiert, das der Copter dann automatisch umfliegt.

5. **Home Lock**
   Hier spielt die Ausrichtung der Drohne in Bezug auf seine Ausrichtung keine Rolle. Wird der rechte Stick nach hinten gezogen, fliegt der Copter immer in Richtung seines Startpunkts zurück. Auch wenn parallel dazu mittels des linken Sticks gedreht wird, er bleibt auf Kurs zum Startpunkt.

6. **Course Lock**
   Wie beim Home Lock spielt auch hier die Ausrichtung des Fluggeräts auf seine Ausrichtung keine Rolle. Hier kann der Pilot aber eine Vorgabe für die Flugrichtung zu Beginn selbst festlegen. Dabei ist es unerheblich, in welche Richtung der Copter während des Flugs ausgerichtet ist. Der rechte Hebel der Fernbedienung nach vorne bedeutet automatisch Vorwärtsflug.

7. **Journey**
   Das UAV fliegt automatisch vom Steuerer weg, kommt dann selbststeuernd zurück und macht dabei ein perfektes Selfie vom Steuerer.

8. **TapFly**
   Gerade für ungeübte Piloten ist das ein toller Modus: einfach auf dem Display den Punkt auswählen, zu dem die Drohne fliegen soll. Dies macht er dann auf einem geraden Kurs automatisch, und der Pilot kann sich voll auf das Aufnehmen von Fotos und Videos konzentrieren.

9. **Active Track**
   Dieser Modus erkennt noch zuverlässiger Objekte. Zudem beinhaltet dieser Modus Trace (Objekt wird von vorn oder hinten verfolgt), Profile (Objekt wird von der Seite eingefangen) und Spotlight (Kamera ist immer auf das Objekt gerichtet, Flugbahn kann intuitiv gewählt werden).

10. **Orbit Me**
    Die Drohne umfliegt den Steuerer in einer kreisrunden Flugbahn, wobei die Kamera immer auf den Steuerer ausgerichtet bleibt.

11. **Courve Cable Cam**
    Hier wird eine Flugroute festgelegt und von der Software aufgezeichnet. Anschließend fliegt der Copter anhand der zuvor aufgezeichneten Koordinaten die gespeicherte Route automatisch ab. Währenddessen kann der Pilot die Kamera frei bewegen und bedienen.

12. **Geste**
    Ist die Kamera auf eine Person ausgerichtet, sorgt eine simple Geste – Hand- oder Armbewegung – für einen Selfie-Schnappschuss.

13. **Cinematic**
    In diesem Modus fliegt die Drohne bei Videoaufnahmen deutlich langsamer und weicher. Abrupte Manöver werden hiermit verhindert.

14. **Stativ**
    Damit sich der Pilot in Ruhe auf ein Foto vorbereiten oder die Drohne in einem Gebäude fliegen lassen kann, bietet der Stativ-Modus eine präzise und stark verlangsamte Bewegung der Drohne.

15. **Terrain Follow**
    Wie der Modus Follow Me, nur in diesem Modus wird zusätzlich das Terrain, auf dem sich das zu verfolgende Objekt bewegt, mit berücksichtigt. Geht es beispielsweise bergauf, hält der Copter den Abstand zum Boden konstant.

16. **Spotlight Pro**
    Ein leistungsfähiger Verfolgungsmodus, der es ermöglicht, komplexe und dramatische Aufnahmen zu machen. Der Modus nutzt fortschrittliche Algorithmen, um sein Ziel während des Flugs zu fixieren. Ganz egal, in welche Richtung die Drohne gesteuert wird – das Ziel bleibt stets im Visier des Objektivs. Falls der Gimbal kurz davor ist, sein Rotationslimit zu erreichen, rotiert der Copter selbst automatisch in die entsprechende Richtung, ohne dabei die Flugkontrolle oder die Aufnahme zu beeinflussen. Damit verschafft er dem Gimbal automatisch entsprechend weiteren Rotationsspielraum.

17. **Return to Home (RTH)**
    In diesem Modus kehrt der Copter automatisch zum Standort des Piloten beziehungsweise der Fernsteuerung zurück und landet dann in einem Umkreis von vier bis acht Metern.

RTF-Drohnen-Marktübersicht

Es gibt in der Drohnenbranche zwei marktbeherrschende Anbieter, die diesen hier zu beleuchtenden Bereich weitestgehend abdecken. Dies sind der Marktführer DJI sowie mit Abstand der „Vize" Yuneec. Dahinter tummelt sich eine Vielzahl von Anbietern wie beispielsweise Parrot, Intel, Sitebots oder Microdrones. Alle haben eines gemeinsam: Sie bieten Ready-to-Fly-Drohnen (RTF-Drohnen) an. Daneben gibt es auch individuell zusammengebaute Drohnen, die ganz speziell auf die Bedürfnisse der Auftraggeber zugeschnitten sind.

Eine Entwicklung ist aktuell auch bei den kommerziell nutzbaren Drohnen erkennbar, die sich bereits vor zwei, drei Jahren im Hobby- und semiprofessionellen Bereich abzeichnete. Die Profidrohnen werden nicht mehr nur immer größer, sondern auch kleiner, kompakter. So sind heute mit der DJI-Mavic-2-Serie, dem DJI Phantom 4 RTK oder dem Yuneec H520 kleinere Drohnen im gewerblichen Segment feste Größen bei den Einsätzen, für die sie konzipiert wurden.

Außerdem ist bei den Herstellern von Drohnen und Kameras eine Verschmelzung in Form von Kooperationen auf dem Vormarsch. DJI hat sich das Know-how von Hasselblad gesichert, Yuneec setzt dagegen auf die Kenntnisse und Erfahrungen von Leica.

Darüber hinaus gibt es weitere Unternehmen, die sich auf den Zusammenbau von einzelnen auf dem Markt verfügbaren Komponenten zu individuellen Drohnen spezialisiert haben. Diese werden in der Regel nach Kundenauftrag produziert und gehen auf die spezifischen Anforderungen der einzelnen Kunden ein. Nähere Erläuterungen dazu würden den Rahmen dieses Buchs jedoch sprengen.

Deshalb werden im Nachfolgenden insbesondere RTF-Drohnen tabellarisch aufgeführt, und es wird aufgezeigt, für welche Anwendung die jeweilige Drohne geeignet ist. Technische Daten der Drohnen können dann auf den jeweiligen Internetseiten der Hersteller und/oder Händler eingesehen und betrachtet werden.

DJI AGRAS T16

DJI Inspire 1

DJI Inspire 2

DJI Matrice 200 V2

DJI Matrice 600 Pro

DJI MG 1

DJI MG 1P

DJI MG 1S

DJI Phantom 4 Multispectral

DJI Phantom 4 RTK

Yuneec H520

Yuneec Typhoon H

Yuneec Typhoon H Plus

Yuneec Typhoon H3

Intel Falcon 8+

Parrot Anafi Thermal

Parrot Bluegrass Fields

Microdrones MD4-100

HERSTELLER	MODELL	FOTO/VIDEO	VERMES-SUNG	INSPEKTION	DOKUMEN-TATION	INDUSTRIE	HANDWERK	AGRARWIRT-SCHAFT	BOS	PREIS
DJI	Inspire 1	+		+	+	+	+	+	+	ab 2.300 €
DJI	Inspire 2	+		+	+					ab 3.400 €
DJI	Mavic 2 Enterprise Zoom	+		+	+	+	+			ab 2.300 €
DJI	Mavic 2 Enterprise Dual			+	+	+	+	+	+	ab 3.400 €
DJI	Phantom 4 RTK		+		+	+	+			ab 5.700 €
DJI	Phantom 4 Multi-spectral			+	+	+	+	+		ab 6.000 €
DJI	Matrice 200	+	+	+	+	+	+	+	+	ab 6.500 €
DJI	Matrice 600 Pro	+		+	+	+				ab 5.700 €
DJI	AGRAS T16					+		+		ab 29.000 €
DJI	MG-1					+		+		ab 15.000 €
DJI	MG-1P					+		+		ab 25.000 €
DJI	MG-1S					+		+		ab 18.000 €
Yuneec	H520	+		+	+	+	+			ab 1.600 €
Yuneec	H520 RTK		+		+		+			ab 3.500 €
Yuneec	H520 CGOET			+	+	+	+	+	+	ab 3.200 €
Yuneec	Typhoon H	+	+		+	+	+			ab 1.200 €
Yuneec	Typhoon H Plus	+	+		+	+	+			ab 1.500 €
Yuneec	Typhoon H3	+	+		+	+	+			ab 2.400 €
Parrot	Anafi Thermal			+	+	+	+	+	+	ab 2.200 €
Parrot	Anafi Work									ab 1.200 €
Parrot	Bluegrass Field				+			+		ab 5.400 €
Intel	Falcon 8+		+	+	+	+	+		+	ab 17.500 €
Sitebots	Operator 1		+	+	+	+	+	+		ab 15.000 €
Microdrones	MD4-1000		+	+	+	+	+	+		ab 28.000 €

Zubehör und Software

Ist die Entscheidung für eine Drohne getroffen und die Investition getätigt, ist (leider) noch lange nicht Schluss mit erforderlichen Investitionen. Für das notwendige Zubehör und die benötigten Programme, die einem die Arbeit vor, während und nach dem Flug erleichtern und diese erheblich beschleunigen, muss auch noch einmal ein entsprechendes Budget im vierstelligen Bereich eingeplant werden.

Es gibt Apps, die gänzlich kostenfrei verwendet werden können, aber dann nur einen geringeren Umfang an nutzbaren Funktionen ermöglichen. Darüber hinaus bieten einige Entwickler Testversionen an, sodass man in der Regel einen gewissen Zeitraum hat, um die Software dahin gehend zu testen, ob sie den Bedürfnissen, die gefordert sind, gerecht werden. Empfehlenswert ist es immer, zu prüfen, ob die Anbieter vielleicht ein Abo anbieten. Das sollte man nutzen, auch wenn es eventuell in der Summe mehr kostet. Der Vorteil liegt hier klar auf der Hand: Man hat immer die aktuellste Variante des Programms zur Verfügung und muss keine teuren Updates kaufen.

Dazu kommt, dass gegebenenfalls der Rechner ebenfalls ausgetauscht werden muss, da seine Leistung für die neuen Anwendungen nicht mehr ausreicht. Hier sind ein schneller Prozessor, ausreichend Arbeits- und Festplattenspeicher sowie eine gute Grafikkarte notwendig, um ohne Stress und Abstürze etc. die Arbeiten verrichten zu können.

Investieren muss man auch in Softwareschulungen. Etliche Schulungseinrichtungen, die nicht nur die Drohnenpiloten in Richtung Kenntnisnachweis schulen, bieten, ebenso wie Händler, ganz spezielle Softwareschulungen an. Dieses Angebot sollten Sie unbedingt nutzen, denn nur so sind Sie in der Lage, Ihre Software gewinnbringend einzusetzen.

Es gibt eine Vielzahl von Bedürfnissen und entsprechend darauf ausgerichtete Programme – preiswerte wie teure. Am besten schaut man sich selbst um, lässt sich ausführlich und intensiv beraten, probiert die Testversionen und entscheidet sich dann.

6 | DER DROHNEN-**FLUG**

6

Der Drohnenflug

Flugplanung mit Sorgfalt

Multicopter sind vom Prinzip her so einfach zu steuern wie ein ferngesteuertes Fahrzeug auf vier Rädern am Boden. Zu bedenken ist bei Multicoptern lediglich, dass sie sich wie alle anderen Luftfahrzeuge im dreidimensionalen Raum bewegen und sich den Luftraum mit anderen teilen müssen. Nicht nur aus diesem Grund müssen Flüge verantwortungsvoll geplant und durchgeführt werden. Bei Copter-Flügen unterscheidet sich die Flugplanung deshalb auch gar nicht so wesentlich von der normalen Fliegerei. Im Gegenteil!

Die Vorbereitung und Durchführung erfordert sogar ein größeres Maß an Fingerspitzengefühl. Warum? So faszinierend und innovativ die Fluggeräte in unseren Augen auch sein mögen, so befremdlich können sie von Unbeteiligten heutzutage wahrgenommen werden. Schnell wird eine „Drohne" als bedrohlicher Eingriff in die Privatsphäre gesehen, obwohl sich derjenige überhaupt nicht im Mittelpunkt der Aufnahme befindet.

Daher gilt es, Luftaufnahmen behutsam für alle umliegenden Betroffenen vorzubereiten und diese gegebenenfalls in die Planungen mit einzubeziehen. Nichts wäre schlimmer, als dass die Antipathie gegenüber „Drohnen" in der Gesellschaft weiter wachsen würde durch Piloten, die sich dieser Verantwortung nicht bewusst sind beziehungsweise sich bewusst darüber hinwegsetzen.

Bei der Flugplanung sollten nachfolgende Punkte eine wichtige Rolle spielen.

Aufstiegsgenehmigung einholen

Es sollte selbstverständlich sein, dass für sämtliche Flüge, die durchgeführt werden, eine entsprechende Versicherung und gegebenenfalls eine behördliche Aufstiegsgenehmigung vorliegt. Das gilt nach der neuen Drohnenverordnung für Fluggeräte mit mehr als fünf Kilogramm Startgewicht und wenn in einem Bereich ein Flug geplant ist, der durch die Verordnung ausgeschlossen ist.

Luftraumbeschränkungen prüfen

Prüfung von Luftraumbeschränkungen (CTR – Kontrollzonen, RMZ – Radio Mandatory Zone, TMZ – Transponder Mandatory Zone), beispielsweise mit der App *Map2Fly*.

Temporäre Flugverbotszonen

Es gibt es temporäre Flugverbotszonen (NOTAM), die aufgrund von örtlichen Veranstaltungen behördlich ausgesprochen werden. Um an die Informationen zu kommen, gibt es entsprechende Apps (z. B. *VFRiNOTAM*), die Infos können aber auch über die Internetseite der Deutschen Flugsicherung – *www.dfs.de* – unter *Drohnenflug/Aktuelle Luftrauminformationen* abgerufen werden.

Wetterauskunft einholen

Holen Sie sich Wetterauskünfte (Wind, Niederschlag, Sonnenstand) ein. Hier gibt es zahlreiche Apps (z. B. *UAV Forecast*) und Internetseiten, die einem dienlich sein können. Bis zum Flugzeitpunkt sollte das Wetter im Auge behalten werden, insbesondere wenn eine längere Anfahrt zum Startplatz notwendig ist.

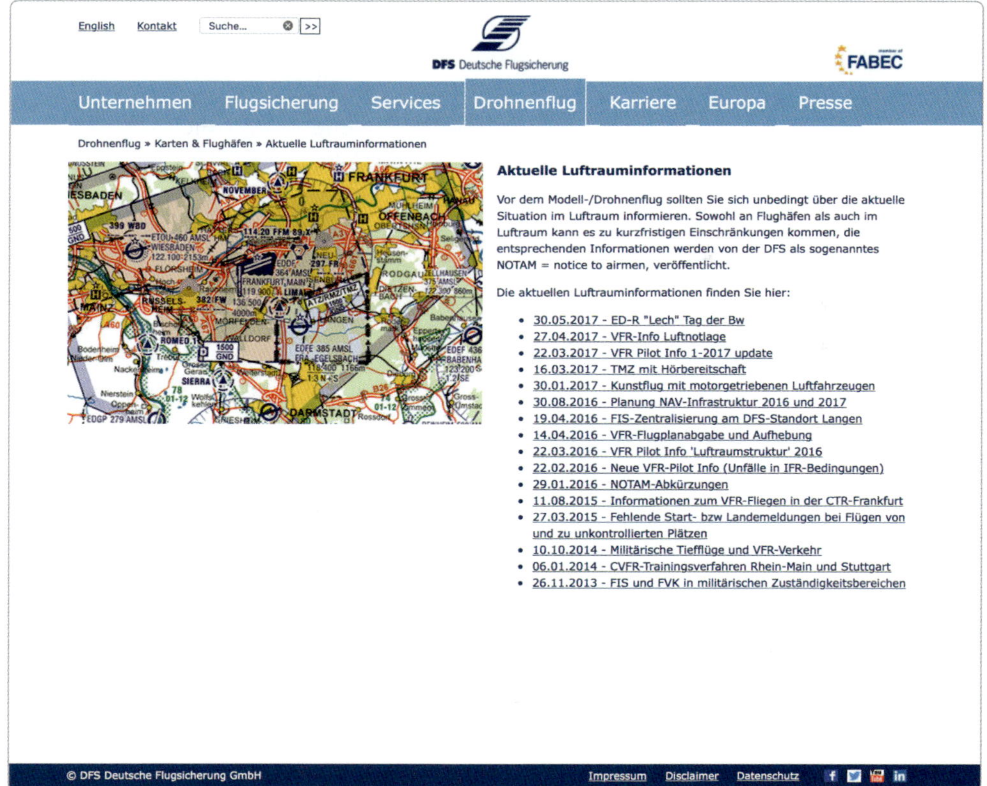

Die Deutsche Flugsicherung informiert über den aktuellen Luftraum.

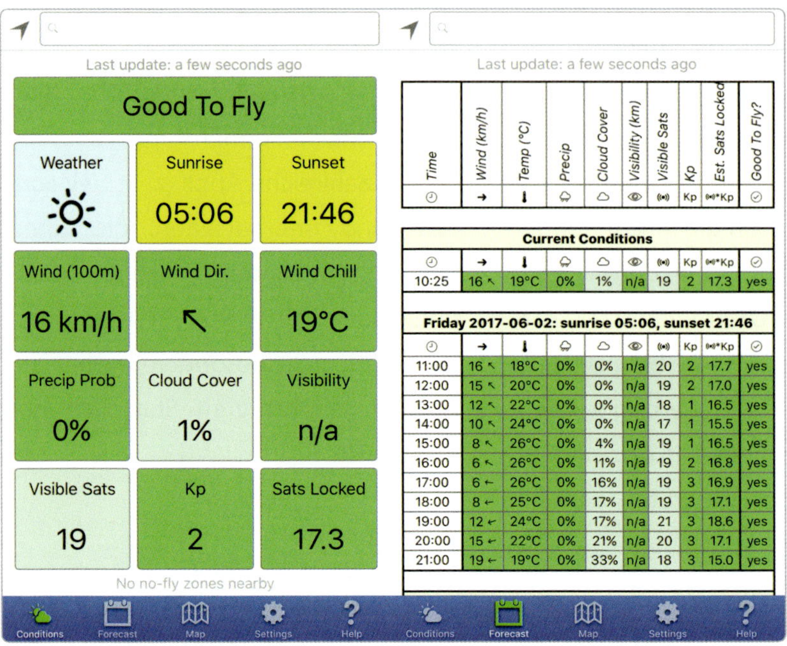

Die App *UAV Forecast* informiert über alle flugrelevanten Daten bezüglich der Witterung am Startplatz. Zusätzlich gibt sie Auskunft darüber, ob sich irgendwelche NoFly-Zonen in der Nähe des Startplatzes befinden.

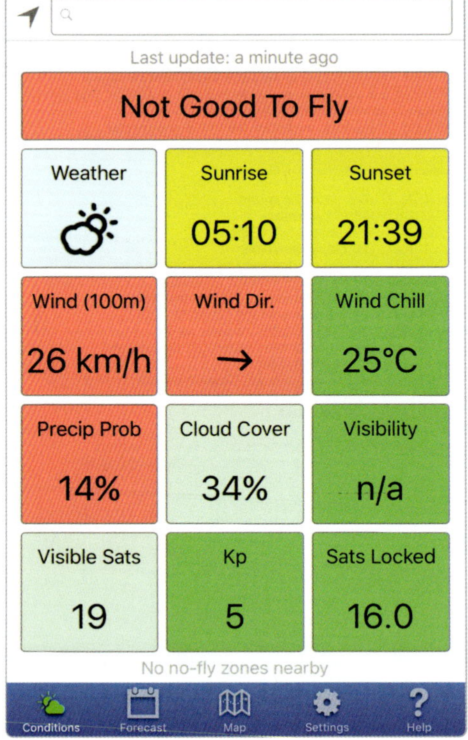

Hier wird dem Piloten signalisiert, dass es kein guter Zeitpunkt ist, um zu starten. Erstens liegt der Kp-Index bei 5, und zweitens ist die Windgeschwindigkeit mit 26 km/h zu hoch. Darüber hinaus wird auch noch eine Niederschlagswahrscheinlichkeit von 14 Prozent vorhergesagt.

Fazit ist: *Not Good to Fly*. Diese Angaben sind grenzwertig und schließen einen Flug nicht unbedingt komplett aus. Die Entscheidung liegt beim Piloten und den örtlichen Gegebenheiten.

Sonnenstand am Aufnahmeort

Für die am Standort zu fotografierenden oder filmenden Objekte gibt es eine tolle App, die einen zum Zeitpunkt der geplanten Aufnahme über den Sonnenstand aufklärt: die App *TPE, The Photographer's Ephemeris*. Sie ist im App-Store erhältlich oder über die Webadresse *app.photoephemeris.com* im Browser abrufbar. Die App verrät einem im Vorfeld natürlich nicht, ob die Sonne zu dem Zeitpunkt auch wirklich scheint oder ob Wolken die Lichtverhältnisse beeinträchtigen.

Last, but not least

- Befindet sich das zu fotografierende oder zu filmende Objekt innerhalb der machbaren und erlaubten Betriebsgrenzen der Drohne?
- Ist ständiger Sichtkontakt zwischen Steuerer und Copter sichergestellt?
- Steht das Vorhaben in Einklang mit der aktuellen Drohnenverordnung? Gegebenenfalls müssen entsprechende Freigaben von den zuständigen Behörden oder Eigentümern eingeholt werden.

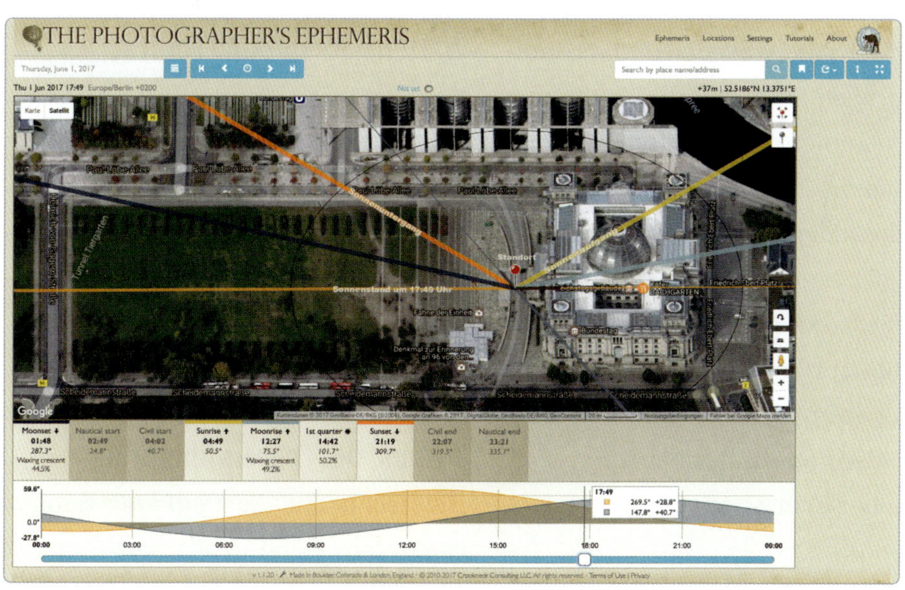

Ist der Standort gefunden, wie in diesem Fall der Reichstag in Berlin, und soll er von vorne aufgenommen werden, kann man über den blauen Schieberegler die Uhrzeit suchen, an der die Aufnahme geplant ist. In diesem Fall soll sich die Sonne im Rücken befinden, sodass sich die Reichstagsfront schön im Sonnenlicht zeigt. Dies ist um 17:49 Uhr der Fall. Die dicke, gelbe Linie zeigt den Zeitpunkt des Sonnenaufgangs (04:49 Uhr), die orangefarbene dicke Linie den des Sonnenuntergangs (21:19 Uhr).

Flugvorbereitung @Home

Ist die Flugplanung abgeschlossen, kann es direkt zur Flugvorbereitung gehen. Auch hier ist natürlich einiges zu beachten und zu erledigen. Sie sollten sich eine gewisse Routine erarbeiten und im Rahmen der Flugvorbereitung vor allem in der Anfangszeit die Dinge in aller Ruhe angehen. Hektik führt in der Regel zu Fehlern, die durchaus auch gravierende Auswirkungen haben können.

Ordnungsbehörden informieren

Stellen Sie sicher, dass alle Genehmigungen, Versicherungsunterlagen, Kenntnisnachweise etc. vorliegen und verstaut sind. Fertigen Sie Listen von wichtigen Telefonnummern, beispielsweise von der zuständigen Polizeidienststelle oder dem zuständigen Ordnungsamt, vom Auftraggeber etc. an.

Ordnungsbehörden (Polizei und/oder Ordnungsamt) müssen über ein innerörtlich geplantes Vorhaben rechtzeitig vor dem Startzeitpunkt informiert werden beziehungsweise bereits informiert sein.

„Rechtzeitig" ist hier leider ein sehr schwammiger Begriff, der Interpretationsspielraum für beide Seiten lässt. Ruft man die zuständigen Stellen Tage vorher an, heißt es in der Regel, man solle sich noch einmal vor dem Start melden. Ruft man vor dem Start an, kann es jedoch genauso vorkommen, dass einem vorgehalten wird, sich nicht bereits eher gemeldet zu haben. Wenn einem der Starttermin selbst lange vorab bekannt ist, rufen Sie einfach an und fragen, wie es denn gewünscht ist. Vielleicht reicht auch ein Fax oder eine E-Mail vonseiten der zuständigen Behörde vollkommen aus.

Wettercheck mit UAV Forecat

Nach der Wetterbeobachtung während der Flugplanung kann nun in den Wettercheck intensiver eingestiegen werden. Wie bereits gesagt, gibt es eine Vielzahl von Apps, die dafür infrage kommen, unter anderem die bereits erwähnte App *UAV Forecast*.

Zustand des Copters überprüfen

Der technische Zustand des Copters wird intensiv und in aller Ruhe vor der Abfahrt und dem Verstauen im Fahrzeug überprüft.

Der Umgang mit LiPo-Akkus sollte behutsam vonstattengehen.

Die Akkus sind wie bereits erwähnt sensibel, deshalb empfiehlt es sich, die LiPos in feuersicheren Munitionskisten zu lagern und zu transportieren. Aber bitte unbedingt zwei kleine Löcher in den Deckel bohren, damit gegebenenfalls auftretende Dämpfe entweichen können.

- Alle für diesen Flug erforderlichen Akkus für Fluggerät, Fernbedienung, Smartdevices etc. werden gecheckt und geladen.
- Alle für diesen Flug notwendigen Utensilien wie Start- und Landepläne, Absperrmaterial, Ladegeräte, Speicherkarte, Ersatzspeicherkarte, ND-Filter, Werkzeug, Klebeband, Ersatzpropeller etc.) werden zusammengetragen und verstaut.

Kp-Index

Der Kp-Index – das „K" steht für Kennziffer – wurde entwickelt, um solare Teilchenstrahlung durch ihre magnetische Wirkung darzustellen. Die symbolische Darstellung erfolgt in Werten von 0 bis 9. Der Index wird bei Untersuchungen und Beobachtungen des Erdmagnetismus verwendet und ist ein Gradmesser für eventuelle Polarlichterscheinungen.

Auch für Drohnenpiloten ist dieser Wert wichtig, da die solare Teilchenstrahlung durchaus Einfluss auf das GPS-System des UAV nehmen kann. Das kann im schlimmsten Fall zu einem unkontrollierbaren Flug führen. Kp-Werte bis 3 sind für einen Drohnenflug unproblematisch. Bei einem Kp-Wert von 4 (gelb gekennzeichnet) und mehr ist für Piloten dagegen Vorsicht geboten. Die Werte 5 bis 9 werden in den Anzeigen rot gekennzeichnet und sind kritisch für eine genaue Bestimmung einer GPS-Position in Verbindung mit einem Magnetkompass.

Insofern sollte jeder Pilot vor dem Start im Rahmen seiner Vorbereitungen diesen Wert unbedingt abrufen und auf einen Start lieber verzichten, wenn kritische Werte ausgegeben werden. Der Kp-Index wird in der App *UAV Forecast* mit angezeigt, er kann aber auch über das Deutsche Geoforschungszentrum auf deren Website unter *www.gfz-potsdam.de/kp-index/quasi-echtzeit* tagesaktuell abgerufen werden.

Flugvorbereitung @Startpoint

Nun ist der vorgesehene Startplatz erreicht. Dort sollte als Erstes, wenn noch nicht im Rahmen der Flugplanung geschehen, das Terrain gecheckt und ein geeigneter Platz für den Start gesucht werden. Dieser sollte in einem größeren Umkreis frei von Hindernissen sein. Wenn der Punkt gefunden ist, ergibt es Sinn, diesen Bereich entsprechend abzusichern und als Start- und Landeplatz zu kennzeichnen.

An öffentlichen Plätzen empfiehlt es sich, den Start- und Landeplatz zu kennzeichnen und entsprechend abzusichern, sodass keiner unverhofft in diesen Bereich hineinlaufen kann. Dabei sollte die Absperrung großzügig erfolgen. Bei der im Bild gezeigten Absperrung ist die Fläche mit rund sechs Quadratmetern für die Größe dieser Drohne etwas knapp bemessen. Zehn Quadratmeter sollten es mindestens sein, um sicher starten und landen zu können, ohne sich womöglich in den Absperrketten bei plötzlich auftretenden Seitenwinden zu verheddern.

Es folgen weitere Punkte, die abgehakt werden müssen, bevor die Motoren gestartet werden können:

Start- und Landeplatz an öffentlichen Plätzen absichern.

- Checken, ob die Wetterbedingungen (Wind, Kp-Index etc.) einem Start nicht entgegenstehen.
- Da die Behörden rechtzeitig von dem Vorhaben in Kenntnis gesetzt werden müssen, sollte dies spätestens jetzt auch passieren – es sei denn, es ist bereits im Rahmen der Flugplanung und -vorbereitung zu Hause geschehen.
- Ausladen des Equipments.
- Nochmals den technischen Zustand des Copters in aller Ruhe prüfen und alle für den Flug notwendigen Gerätschaften vorbereiten.
- Nach dem Einschalten von Fernbedienung, gegebenenfalls Smartdevice und Copter sicherstellen, dass ausreichende GPS-Signale empfangen werden, der Homepoint gesetzt ist, keine Kompass-Interferenzen erkennbar sind und alle Systeme der Drohne zuverlässig arbeiten.

- Die Kamera und deren Einstellungen überprüfen und entsprechend für das Vorhaben einstellen. Gegebenenfalls nochmals checken, ob sich auch der richtige Filter auf dem Objektiv befindet. Und – bitte nicht vergessen – nachschauen oder an der Fernbedienung überprüfen, ob eine Speicherkarte im Kamerasystem steckt.

Ready for take off ...

Einem Start steht jetzt nichts mehr im Weg. Wenn sich Menschen im Umfeld des Startplatzes aufhalten, weisen Sie sie darauf hin, dass die Drohne gleich startet und sie gegebenenfalls aus Sicherheitsgründen ein paar Schritte zurücktreten sollten. Der Pilot steht mit Sicherheitsabstand hinter seinem Arbeitsgerät am Startplatz, die Nase des Copters zeigt vom Piloten weg.

Motoren beschleunigen und abheben

Nun wird der linke Joystick behutsam nach vorne gedrückt. Die Motoren werden beschleunigt, die Drohne hebt ab und schwebt langsam in die Höhe. Nach dem erfolgreichen Start sollte man nochmals in einigen Metern Höhe wichtige Funktionen der Joysticks checken, um sicherzustellen, dass das Fluggerät so reagiert, wie man es gern möchte. Dafür wird einfach der linke Stick losgelassen. Die Drohne bleibt – GPS-gesteuert – an dem Punkt stehen, an den sie manövriert wurde. Nun können Sie in aller Ruhe die Funktionen der beiden Joysticks und die der Kamera checken. Eventuell ist es auch noch einmal notwendig, die Kamera auf sich eventuell ändernde Lichtverhältnisse einzustellen. Einem weiteren erfolgreichen Flugablauf steht jetzt nichts mehr entgegen. Es gilt natürlich, den Flug entsprechend den gesetzlich vorgeschriebenen Regeln durchzuführen. Und – die Leistung des Akkus sollte während des gesamten Flugs stets im Auge behalten werden, damit ausreichend Zeit für Rückflug und Landung zur Verfügung steht. Sollten sich – und das wird sicherlich des Öfteren vorkommen – während des Flugs Schaulustige oder gar die Polizei am Start- und Landeplatz einfinden, weisen Sie sie kurz, aber freundlich darauf hin, dass Sie aus Gründen eines sicheren Ablaufs des Flugs diesen erst beenden und dann Rede und Antwort stehen werden.

Wenn das Vorhaben, das mit diesem Flug verbunden war, abgearbeitet ist, kann die Landung eingeleitet werden.

Dabei gilt es, nicht nur den Copter im Auge zu behalten, sondern auch den Landeplatz. Wenn Schaulustige anwesend sind, müssen sie auf die Landung aufmerksam gemacht und nett, aber bestimmt dazu aufgefordert werden, einen entsprechenden Sicherheitsabstand zu bewahren.

Vor der Landung wird der Copter wieder so in die Luft gestellt, dass die Copter-Nase vom Piloten wegzeigt. Wie beim Start vereinfacht das Situationen, in denen ein schnelles Handeln des Piloten erforderlich ist (beispielsweise wenn ein Schaulustiger gerade während des Landevorgangs auf den Landeplatz zuläuft und ein Zusammenstoß mit dem Copter droht). So brauchen Sie nicht lange zu überlegen, welcher Stick wie bewegt werden muss, um der Gefahrensituation zu begegnen. In solchen Fällen gibt es eigentlich nur die Option, den linken Stick nach vorne zu drücken, damit der Copter wieder an Höhe gewinnt. Dann kann man loslassen und abwarten, bis die Gefahrensituation am Landeplatz geklärt ist.

Das ist unter einigen anderen ein wichtiger Grund dafür, nicht auf den letzten Drücker, sprich mit nahezu leerem Akku, einen Flug zu beenden – starten Sie lieber noch einmal mit einem neuen Akku und beenden Sie das Vorhaben im zweiten Anlauf. Kennzeichnen Sie, wie bereits gesagt, den Start- und Landeplatz vorher und sperren Sie ihn ab.

Nach einem Drohneneinsatz ist die Dokumentation des Flugs eine Pflichtaufgabe des Piloten. Da bietet sich beispielsweise das neueste Logbuch des Bundesverbands Copter Piloten an.

Flugnachbereitung

Nach der Landung ist, wie man so schön sagt, vor dem Start. In der Nachbereitung des Flugs fallen folgende Punkte an:

- Drohne, Fernbedienung sowie weitere Gerätschaften, die für den Flug benötigt wurden, ausschalten. Achtung: Unbedingt darauf achten, dass eine eventuell noch laufende Filmaufnahme gestoppt werden muss, bevor Copter- und Kamerasystem ausgeschaltet werden.
- Start- und Landeplatz abbauen und das Equipment verstauen.
- Zuständige Institutionen (Polizei, Ordnungsamt, Flugplatztower etc.) über die Beendigung des Flugs informieren, wenn erforderlich und gewünscht.
- Den Flug ins Logbuch eintragen.
- Das gesamte Equipment reinigen und auf eventuelle Beschädigungen überprüfen.
- LiPo-Akkus erst einmal abkühlen lassen. Nach Abkühlung, wenn erforderlich, auf Lagerspannung bringen, Kapazität kontrollieren und in feuersicheren Behältnissen lagern.
- Foto- und Filmmaterial sichten und auswerten. Dazu mehr im folgenden Kapitel.

Wichtige Dienstleistungsaspekte

Was muss man wissen, wenn man selbst als Pilot mit der Drohne seine Dienstleistung anbieten möchte? Nachfolgend die wichtigsten Aspekte:

1. **Regulierungen und Vorschriften**
   Sicherheit ist das A und O im Flugverkehr. Was die Flugvorschriften betrifft, sind nationale Gesetzgeber und die EU bei unbemannten Fluggeräten sehr gründlich geworden. Es liegt mittlerweile ein umfangreiches Regelwerk auf dem Tisch, das unter anderem in der Luftverkehrs-Ordnung (LuftVO) festgehalten ist. Jedoch ist es sehr zeit- und nervenaufreibend – ohne Hilfsmittel oft sogar nahezu unmöglich –, herauszufinden, wo man mit seinem Gerät fliegen darf und wo nicht.

   Zu diesem Zweck ist es hilfreich, sich für verschiedene Geräte die unterschiedlichen Flugvorschriften anzeigen zu lassen. Da bietet sich im Netz die Seite *www.map2fly.de* an oder direkt die *Map2Fly*-App. Mittels dieser

Plattform können Drohnenpiloten in wenigen Sekunden erkennen, wo mit welchen Geräten geflogen werden darf und wo eine Fluggenehmigung etc. eingeholt werden muss.

2. **Drohnenführerschein**
   Der Drohnenführerschein, oder auch UAV-Kenntnisnachweis, wird von diversen Vereinen und Verbänden in Deutschland angeboten. Somit lässt sich in regionaler Nähe immer eine Stelle finden, um seinen Kenntnisnachweis ablegen zu können. Ratsam ist dies auf jeden Fall, wenn man gewerblich in die Luft steigen möchte. Denn sonst drohen Bußgelder in nicht geringer Höhe.

3. **Equipment**
   Eine ordentliche Ausrüstung gehört natürlich auch zu jedem Einsatz. Grundsätzlich lässt sich Folgendes sagen:

   - **Drohne mit Plakette und Haftpflichtversicherung**
     Das Wichtigste an gutem Equipment ist natürlich die Drohne selbst. Hierbei gilt: Alle Drohnen, die im öffentlichen Luftraum fliegen, müssen mit einer Plakette versehen sein, die wie ein Kennzeichen funktioniert. Infos hierzu lassen sich im Detail bei entsprechenden Stellen nachlesen. Für eventuell verursachte Schäden, beispielsweise bei einem Absturz, ist auch eine Haftpflichtversicherung gesetzlich vorgeschrieben!

   - **Akkus**
     Jede Drohne braucht Strom, ohne Strom geht kein Fluggerät in die Luft. Wenn man auf einem Außeneinsatz ist – im schlechtesten Fall weit weg von einer Steckdose –, ist es wichtig, ausreichend Akkus dabeizuhaben. Denn Akkus sind nach spätestens 30 Minuten Flugzeit entladen. Will man länger fliegen, braucht man mehrere. Ein Akkumanagement ist daher nicht ganz unwichtig. Darüber hinaus: Akkus sind Gefahrengüter! Sie können bei Erschütterung, Beschädigung oder durch Umwelteinflüsse im schlimmsten Fall explodieren. Daher sollte man stets im Blick behalten, wann Akkus ausgetauscht und wo beziehungsweise unter welchen Bedingungen sie gelagert werden sollten.

Zu beachten:

- Beim Kauf auf geprüfte Sicherheit achten (GS-Zeichen).
- Vor jedem Flug den Akku komplett vollladen.
- Sichtprüfung des Akkus vor jedem Flug.
- Den Akku nie tiefenentladen oder aufgebläht verwenden.
- Aufgeblähte Akkus nicht mehr laden.
- Alle 20 Flüge einmal den Akku leer fliegen.
- Intelligent Flight Batteries können sich selbst entladen (sofern eingestellt).

Im Einsatz:

- Nur zwischen 18 bis 40 Grad Celsius Umgebungstemperatur verwenden, gegebenenfalls Akkus vorab auf 40 Grad erwärmen.
- Andernfalls ist die Flugdauer drastisch kürzer.
- Unerwarteten Spannungsabfall berücksichtigen.
- Beim Start Motoren 30 bis 60 Sekunden warmlaufen lassen.
- Kein dauerhaftes maximales Beschleunigen.
- Akkus in geeigneter (feuerfester) Box transportieren.

Sensorik:

Eine Drohne bringt nur etwas, wenn sie auch etwas erfassen kann, etwa Fotos zur Bilddokumentation. Eine optische Sensorik, also eine vernünftige Kamera, die an der Drohne befestigt ist und Bilder in entsprechender Auflösung und Zoomstufe machen kann, gehört natürlich zum Equipment dazu.

Smartes Arbeitsgerät

Der kommerzielle Einsatz von Drohnen wird unbestreitbar wirtschaftliche Auswirkungen haben. Prognosen bis 2025 zeigen auf, dass die Drohnenwirtschaft Arbeitsplätze schaffen und das Wirtschaftswachstum ankurbeln wird. Drohnen werden sich in Zukunft in vielen Bereichen unentbehrlich machen. Experten prognostizieren für den makroökonomischen Bereich, dass die Drohnenwirtschaft dort mehr als 100.000 neue Arbeitsplätze schaffen könnte.

Drohnen bereichern zunehmend viele Bereiche des Arbeitsalltags. Nicht nur Paketdrohnen, Lufttaxis oder dergleichen sind Motoren der Drohnenwirtschaft, auch die „kleinen" Hochleistungsgeräte werden schon heute vielfach als treue Arbeitsbegleiter und Unterstützer geschätzt, etwa in der Landwirtschaft, in der Umweltforschung, bei Wartungen von Hochspannungsleitungen, Inspektionen von Windkraft- und Fotovoltaikanlagen, im Bereich der öffentlichen Sicherheit sowie zum Aufspüren von Menschen nach Naturkatastrophen.

Im Folgenden wird ein Blick hinter die Kulissen einiger aktueller Entwicklungen für die Drohne als smartes Arbeitsmittel der Zukunft geworfen:

Unterstützer bei der Energiewende

Die Bundesrepublik hat sich im Namen von Klimaschutz und Nachhaltigkeit bekanntlich ambitionierte Ziele gesetzt: Stammt heutzutage etwa ein Drittel allen Stroms in Deutschland aus erneuerbaren Quellen, soll sich dieser Anteil bis zum Jahr 2030 auf 65 Prozent mehr als verdoppeln.

Dafür braucht es in den nächsten Jahren einen rasanten Ausbau des deutschen Stromnetzes. Nur so kann beispielsweise das industriereichere Süddeutschland mit norddeutscher Windenergie versorgt werden. Geschätzt, müssen dafür rund 10.000 Kilometer an Stromtrassen optimiert, verstärkt oder gar neu gebaut werden. Hier können unbemannte Luftfahrzeuge helfen, wertvolle Zeit und Geld zu sparen.

Experten sehen für Drohneneinsätze im Energiesektor auch die größten Wachstumspotenziale in den nächsten Jahren.

Je größer und unwegsamer das zu vermessende Areal, desto effektiver sind Drohnen im Vergleich zum bodengebundenen Vermessungstechniker. Aus vielen überlappenden Fotos, die durch den Multicopter aufgenommen wurden, kann nach dem Einsatz per Fotogrammetrieverfahren ein 3-D-Modell des Geländes erstellt werden. Solche realitätsgetreuen Modelle erleichtern die Planung einzelner Strommasten und damit auch der genauen Route der Trassen.

Für das Verfahren unersetzlich sind passende Flugrouten für die eingesetzten Drohnen. Um diese festzulegen, gibt es zwei Möglichkeiten: Einerseits können natürlich mühsam Flugkarten gelesen und etwaige rechtliche Schwierigkeiten auf der Route überprüft werden. Andererseits können aber auch zeit- und ressourcensparende Produkte wie *Map2Fly* und *HORIZON* aus der Programmierschmiede FlyNex eingesetzt werden.

Strom aus Kraftwerken soll schon bald in Deutschland der Vergangenheit angehören.

DJI FC 550 | ISO 200 | 1/25 s | f/10 | 14 mm

In Norddeutschland werden überall Windkraftanlagen gebaut. Der Strom, der von den Windrädern erzeugt wird, muss aber künftig auch gen Süden über Stromtrassen transportiert werden. Drohnen können beim Neubau dieser Trassen sehr nützlich sein und eine Menge Zeit einsparen.

Yuneec CGO 3

Mit *Map2Fly* kann mit wenigen Klicks die ideale Route für den Vermessungsflug geplant werden – inklusive aller für das Gelände geltenden Regeln und Gesetze. So kann die notwendige Zeit für eine vollständige Planung stark verringert werden – teilweise auf weniger als eine Stunde! Diese Geschwindigkeit könnte dabei helfen, den Zeitplan der deutschen Energiewende einzuhalten.

Lagerbestandüberwachung

Das Münchner Logistikunternehmen Group 7 AG kooperiert mit dem Drohnenhersteller Doks. Dessen neueste Entwicklung mit Namen Invent-Airy X soll demnach bei Group 7 künftig zur automatisierten Bestandserfassung im Palettenregallager eingesetzt werden. Dafür verfügt die Drohne über 1-D- und 2-D-Sensoren sowie eine Zwölf-Megapixel-Kamera und die entsprechende Software.

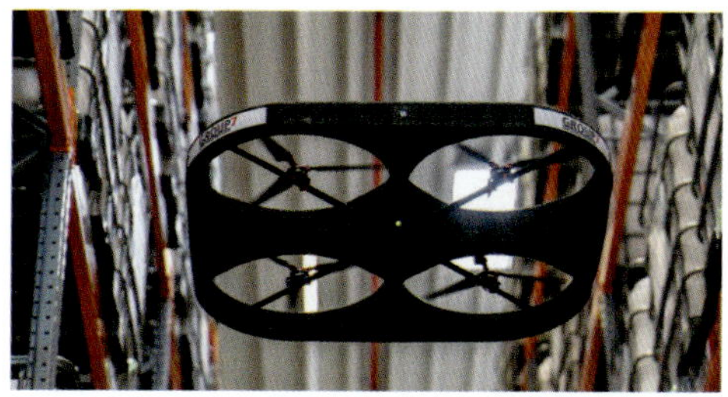

Invent-Airy X ist spezialisiert auf die automatische Bestandserfassung in einem Regallager. (Bild: Group 7)

Laut dem internationalen Logistikdienstleister soll die Drohne durch die Lagergänge schweben und vollständig autonom die Bestände erfassen. Ein autonomes Bodenfahrzeug dient der Navigation und ermöglicht das selbstständige Wechseln der Gänge. Neben der Ortung von Ware übermittelt die Drohne in Echtzeit hochauflösende Bilder des gelagerten Guts, was die optische Beweissicherung im Lager unterstützt.

Drohnen als Lastesel

Ein Start-up für Multicopter will mit seinen Luftfahrtsystemen Güter in entlegene Gegenden bringen. Erste Testflüge hat der Senkrechtstarter bereits absolviert: Die sechs Rotoren tragen eine Last von 60 Kilogramm und können die Maschine zwei Stunden lang in der Luft halten. Ausgestattet ist das Fluggerät mit einem Hybridantrieb: „Eine Gasturbine erzeugt den Strom, der die Motoren in Bewegung hält", sagt Felix Arnold, Gründer und Geschäftsführer der BEE appliance GmbH in Beilngries.

Nur eine kleine Batterie dient als Pufferspeicher. „Diese Konstruktion spart gegenüber einem rein batterieelektrischen Antrieb Gewicht, erlaubt eine höhere Nutzlast und verlängert die Reichweite", sagt der Gründer. Mit einem rein batterieelektrischen Antrieb sei das technisch nicht möglich: Entweder fehlt am Ende die Nutzlast oder die Reichweite. „Wir können uns die verschiedensten Anwendungsszenarien für unsere Multicopter vorstellen: von der Exploration über den Einsatz auf Baustellen bis zur Landwirtschaft", sagt Arnold – also Bereiche, in denen man heute mit Hubschraubern arbeitet. „Mit dem Multicopter lassen sich die operativen Kosten minimieren", so der Gründer.

Dieser Lastesel kann bis zu 60 Kilogramm schwere Lasten transportieren. (Bild: BEE appliance)

Einsatzgebiete sieht er vor allem im Ausland – „wo die Infrastruktur nicht so ausgebaut ist wie bei uns". Urban Air Mobility ist für das Start-up ebenfalls ein Thema. „Doch dieser Prozess wird Zeit brauchen. Der nächste Schritt ist ein Multicopter mit 200 Kilogramm Nutzlast", sagt Arnold. Der könne dann auch für den Personentransport eingesetzt werden.

Landwirtschaft der Zukunft

In der Landwirtschaft der Zukunft und teilweise auch schon in der Gegenwart geht der Trend immer mehr zu voll autonomen Prozessen. Dass Landmaschinen völlig autonom über das Feld fahren, ist bereits tägliche Routine. Nun sollen auch die unbemannten Flugsysteme eine Revolution in der Landwirtschaft einleiten.

Die leistungsfähigen Drohnen sind mit diversen Sensoren, Kameras und Mikrocontrollern ausgestattet und unterstützen die Landwirte beim effizienten Einsatz von Pflanzenschutzmitteln. Zudem liefern die kleinen Helferlein der Lüfte wichtige Daten über die Bodenbeschaffenheit und schützen Wildtiere wie Rehkitze vor dem Mähtod.

Der Einsatz von Drohnen zur Unkrauterkennung und -bekämpfung ist ein weiteres Entwicklungsfeld, dem sich Forscher bereits intensiv widmen. Mithilfe der Drohnen können sogenannte „Unkrautnester" aus der Luft über das

Unbemannte Flugsysteme werden mehr und mehr in der Landwirtschaft zu verschiedenen Zwecken eingesetzt.

Canon EOS 80D | ISO 100 | 1/500 s | f/11 | 35 mm

komplette Feld hinweg ausfindig gemacht werden. Das ermöglicht eine direkte Anwendung der Herbizit-Applikation auf die Unkrautflächen. In der Folge müssen die Herbizide also nicht flächendeckend auf dem Feld verteilt werden. Mit einer Spezialkamera ausgestattet, fliegen die Arbeitsgeräte selbstständig über die Ackerfläche. Lediglich die Flugbahn muss vom Boden aus überwacht werden.

Letztendlich bringen die Drohnen also eine Ersparnis für die Landwirte, da weniger Herbizide eingesetzt werden müssen, und zudem eine Entlastung der Pflanzen.

Ein weiteres Anwendungsfeld ist die Bekämpfung des Maiszünslers. Hierbei handelt es sich um einen tierischen Ertragsschädling, der mit biologischen „Waffen" bekämpft wird. Das sind hagelkorngroße Maiskügelchen, die jeweils

Mit einer Drohne kann aus der Luft ein landwirtschaftliches Feld schnell und einfach auf unliebsame Spuren in Augenschein genommen werden.

DJI Mavic Pro FC220 | ISO 100 | 1/240 s | f/2.2 | 4,73 mm

Drohne statt Chemie

Bei der Bekämpfung von Schädlingen setzen Landwirte vermehrt auf Drohnen. Mit dem Fluggerät können sie Insekten auf ihren Feldern ausbringen, die Schädlinge, insbesondere den Maiszünsler, bekämpfen. Die Methode ist umweltfreundlich und funktioniert ohne Chemie.

mit 2.000 Schlupfwespeneiern versehen sind. Alle paar Meter werden die Kügelchen mittels Drohnen auf das Feld befördert. Zwei bis drei Tage später schlüpfen die Wespen und kümmern sich um den Schädling.

- **Maiszünsler schaden der Ernte**
  Zielobjekt des Drohneneinsatzes ist der Maiszünsler, ein Schädling, der beim Maisanbau erheblichen Schaden anrichten kann. Laut Schätzungen werden jedes Jahr vier Prozent der weltweiten Maisernte – rund 41 Millionen Tonnen – durch den Schmetterling vernichtet.

- **Drohne verteilt Schlupfwespen auf Maisfeld**
  Um ihn ohne den Einsatz von Chemie zu bekämpfen, werden Eier der Schlupfwespe mithilfe einer GPS-gesteuerten Drohne im Feld ausgebracht. Die Drohne überfliegt das Feld nach einer vorab festgelegten Route und wirft in regelmäßigen Abständen automatisch Kapseln mit Schlupfwespeneiern aus. Diese weißen Kapseln bestehen mehrheitlich aus Zellulose oder Maisstärke und werden auf natürlichem Weg abgebaut.

- **Schlupfwespen bekämpfen Maiszünsler**
  Pro Hektar werden zweimal im Abstand von 10 bis 14 Tagen 110.000 Schlupfwespen ausgebracht. Auf einem fünf Hektar großen Maisfeld entspricht das insgesamt 1,1 Millionen ausgebrachten Schlupfwespen. Diese kleinen biologischen Helfer haben einen sehr guten Geruchssinn und riechen die Eier des Maiszünslers, die meist auf der Unterseite der Pflanze sitzen.
  Die Schlupfwesen wiederum legen ihre Eier auf die Eier des Schädlings, die dadurch nicht schlüpfen können. Der Wirkungsgrad dieser Methode liegt bei 70 bis 80 Prozent. Mit einem Pflanzenschutzmittel würde der Wirkungsgrad bei 80 bis 90 Prozent liegen.

- **Schädlingsbekämpfung mit Drohne geht schneller**
  Bislang gab es Karten mit Schlupfwespen, die der Landwirt händisch im Feld alle paar Meter aufhängen musste. Das war sehr zeitaufwendig und umständlich. Mit der Bekämpfung aus der Luft funktioniert es dank GPS schneller und genauer. Für einen Hektar entstehen dem Landwirt Kosten von rund 85 Euro.

- **Wie schadet der Maiszünsler dem Mais?**
  Der Maiszünsler hat sich in den vergangenen Jahren in Mitteleuropa ausgebreitet. Die ausgeschlüpfte Larve des Schädlings befällt die Pflanze und verursacht einen Pilzbefall, was die Futterqualität mindert. Der Schädling sorgt dafür, dass der Kolben bricht.

Um Drohnen mit Zusatzgeräten, sogenannten Payloads, bestücken zu können, werden besonders leistungsstarke Geräte benötigt. Was vor einigen Jahren noch eine richtige und vor allem auch recht kostenintensive Angelegenheit war, hat sich mit der Entwicklung der Akkutechnologie so langsam relativiert. Kommerzielle Anbieter von Drohnen bieten bereits eine passende Auswahl, die Traglasten befördern können und zudem auch nicht mehr so laut sind.

Auch Weinbergbesitzer greifen seit Neuestem auf speziell ausgerüstete Spritzdrohnen zurück, die vor allem in steilen Hanglagen ihre Vorteile gut ausspielen können. Der Einsatz findet direkt an den Rebstöcken statt und erfolgt auch noch nahezu lautlos. Drohnen sind somit umweltfreundlicher, günstiger und weniger aufwendig als große Hubschrauber. Bei der Unkrauterkennung sollen Drohnen in Zukunft auch einzelne Unkrautarten aus der Luft identifizieren können. Bis der Landwirt am Ende ein fertiges Produkt in Kombination mit einer App zur Erkennung und für die Bekämpfung von Unkraut nutzen kann, wird aber noch ein wenig Zeit vergehen.

Zur Rettung bedrohter Tierarten, etwa Schmetterlingen, sind Drohnen jedoch schon im täglichen Einsatz. Dank der präzisen und hochauflösenden Kameras können Forscher ideale Lebensräume (sogenannte Mikrohabitatstrukturen) für die Schmetterlingslarven aufspüren. Somit können in Zukunft die fragilen Lebensräume besser geschützt werden.

Im Kern sind unbemannte Luftsysteme also keine simple Spielerei, sondern können aktiv zur Umweltforschung beitragen und eine umweltschonende Landwirtschaft fördern. Dies beweist auch ein weiteres Start-up: Pheno-Inspect aus Bonn.

Züchterinnen und Züchter neuer Pflanzensorten müssen schnell herausfinden, ob eine Neuzüchtung von Erfolg gekrönt ist. Sind die Pflanzen resistent gegen Krankheiten und Schädlinge? Wie ist ihr Wachstum? Setzen ihnen klimatische Veränderungen wie Dürreperioden zu? Pheno-Inspect hat nun mittels Drohne und künstlicher Intelligenz (KI) einen Weg entwickelt, die vielen Daten rund um die Pflanzenbestände auszuwerten.

Mittels künstlicher Intelligenz kann die entwickelte Software von Pheno-Inspect unter anderem die Pflanzenbestände aus der Luft anhand der gewonnenen Bilddaten quantifizieren und analysieren.

DJI FC 550 | ISO 100 | 1/40 s | f/5.6 | 15 mm

Die Kameras der Drohne nehmen beim Flug über das Feld die Pflanzenbestände auf, und eine Software wertet mit Methoden der künstlichen Intelligenz automatisch deren Eigenschaften aus. Die Drohne fliegt bei der Inspektion in Höhen zwischen 10 und 100 Metern über die Pflanzenbestände. Dabei entgeht den Kameras kein Grashalm, denn die Auflösung reicht hinab bis auf wenige Millimeter. „Die Standortbestimmung läuft über ein sehr präzises GPS, wie es Geodaten verwenden", sagt Philipp Lottes, Pheno-Inspect-Gründer und wissenschaftlicher Mitarbeiter am Institut für Geodäsie und Geoinformation der Universität Bonn.

Er hat ein Verfahren entwickelt, mit dem sich mithilfe von Drohnen Bilder von Pflanzenbeständen aufnehmen lassen. Eine Software bestimmt aus diesen dann beispielsweise die Zahl der Kulturpflanzen, die Verteilung verschiedener Unkräuter sowie den Befall mit Schädlingen und Krankheiten: „Es handelt sich dabei um selbstlernende maschinelle Verfahren, die sich nach den Vorgaben der Nutzer selbst optimieren."

In einer „Trainingsphase" lernt die Software anhand zahlreicher Fotos, wie etwa Getreideähren, Trockenstresssymptome oder Unkräuter aussehen. Mit statistischen Verfahren kann das Analyseprogramm anschließend Bilder automatisiert auswerten und eine flächendeckende Dokumentation in Form von Karten liefern. Diese zeigen, welche der Züchtungsparzellen etwa unter Nährstoffmangel leiden oder besonders ertragreich sind. Besonders die vollautomatische Auswertung der Daten im großen Stil birgt ein großes, effizientes Potenzial für die Landwirtschaft.

Lottes wird zusammen mit seinem Mentor Stachniss nun durch das Programm „START-UP-Hochschul-Ausgründungen" des Landes Nordrhein-Westfalen und der Europäischen Union unterstützt. In den kommenden 18 Monaten wird „Pheno-Inspect" mit rund 270.000 Euro gefördert. „Wir wollen unsere Software weiterentwickeln und an die Bedürfnisse der Nutzer anpassen", sagt Lottes.

Hier gewinnen Drohnen immer mehr an Bedeutung. Multicopter mit Infrarot- und Digitalkameras sind in der Lage,

Rehkitzrettung

Die Rehkitzrettung ist ein Thema, das immer wieder im Frühsommer auf die Tagesordnung kommt, nämlich dann, wenn Kitze im hochgewachsenen Gras auf der Weide vor ihren natürlichen Feinden Schutz suchen. Den Landwirten bleibt nur ein kleines Zeitfenster, um ihre Wiesen abzumähen. Dabei kommt es oft vor, dass ein unentdecktes Rehkitz einer Mähmaschine zum Opfer fällt. Jährlich sind es allein in Deutschland geschätzt rund 100.000 getötete Tiere. Dadurch entsteht nicht nur ein finanzieller Schaden für die Landwirte aufgrund eines durch die Tierkadaver verseuchten Viehfutters, es ist auch eine äußerst belastende Situation für die Fahrer der Mähwerke. Durch ihren angeborenen Drückinstinkt bleiben die Kitze regungslos auf ihrem Platz im hohen Gras, wodurch sie zwar für Fressfeinde kaum zu finden, jedoch auch für Menschen nahezu unsichtbar sind.

Rehkitze sind im Frühsommer während der Mahd durch das Mähwerk stark gefährdet.

eine Rehkitzrettung effizient auszuführen. Hierbei bedarf es jedoch einer abgestimmten Zusammenarbeit aller Beteiligten und einer guten Kommunikation zwischen Landwirten, Jägern und dem Drohnenpiloten. Auch die Drohnenpiloten haben nur ein sehr kurzes Zeitfenster und sollten über Erfahrung im Umgang mit Drohne und Wärmebildkamera verfügen. Ein Flug zur Rehkitzrettung kann nur in den frühen Morgenstunden unmittelbar vor der Mahd stattfinden, da dann die Erdwärme noch geringer als im Verlauf des Tages ist und somit ein Kitz wesentlich besser von der Wärmebildkamera erfasst werden kann. Allerdings sei an dieser Stelle deutlich angemerkt – Geld verdienen Drohnenpiloten nur schwerlich mit ihrem Einsatz bei der Rehkitzrettung. Grund: Der Einsatz zur Rehkitzrettung wurde in der Regel von Beginn an als ehrenamtliche Dienstleistung zum Schutz der Jungtiere angeboten.

Das Netzwerk Rehkitzrettung Deutschland (*www.rehkitzrettung.org*) hat sich zum Ziel gesetzt, ein flächendeckendes Netzwerk zu schaffen, das die Zusammenarbeit zwischen Rehkitzrettungsinitiativen, Landwirten, Jagdpächtern und Drohnenpiloten fördern und optimieren will. Auch der *Bundesverband Copter Piloten* (BVCP) unterstützt solche Rettungsaktionen mit seinem eigenen Netzwerk von Copter-Piloten. Auf der BVCP-Internetpräsenz (*www.bvcp.de/rehkitzrettung-aus-der-luft/*) findet sich eine nach Bundesländern sortierte Liste mit den Ländern, die sich für die Rehkitzrettung engagieren und über das nötige Know-how und Equipment verfügen.

Solaranlageninspektion

Die Qualität einzelner Fotovoltaikmodule einer Solaranlage ist den Betreibern häufig nicht bekannt. Wenn Ertragseinbußen am Zählerstand sichtbar werden, kann der Fehler bereits lange vorher entstanden sein. Fehler an den Fotovoltaikmodulen können ganz unterschiedliche Ursachen haben. Sie können bei der Herstellung entstanden sein oder bei Transport, Handling und Installation entstehen. Auch Temperaturunterschiede zwischen Tag und Nacht, Sommer und Winter oder andere Klimafaktoren haben Einfluss auf die Funktionalität der Module. So kann es durchaus sinnvoll sein, bereits direkt nach der Installation der Anlage eine Untersuchung durchzuführen.

Dabei können verschiedene Wege beschritten werden. Eine Untersuchung einzelner Module im Labor ergibt zwar zuverlässige Werte, ist aber sehr zeit- und kostenaufwendig. Die Module müssen demontiert werden, und die Fotovoltaikanlage ist in diesem Zeitraum nicht einsatzbereit. Eine weitere Möglichkeit ist die Untersuchung einzelner Module in einem mobilen Prüflabor. Aber auch hierbei muss die Anlage teilweise zerlegt werden.

Eine Fotovoltaikanlage in dieser Größenordnung ist nur mit großem Aufwand mit herkömmlichen Mitteln zu warten. Mithilfe einer Drohne, die mit einer Infrarotkamera bestückt ist, sowie eines automatisierten Flugschemas ist eine regelmäßige Inspektion der einzelnen Module einfach und unkompliziert auch während des Betriebs möglich. So entstehen Thermografieaufnahmen, die nach dem Flug mit spezieller Software auf Fehler oder sonstige Auffälligkeiten ausgewertet werden.

DJI Mavic Pro FC220 | ISO 100 | 1/400 s | f/2.2 | 4,73 mm

Mithilfe einer Drohne, die mit einer Wärmebildkamera bestückt ist, geht es effektiver und schneller, und der Anlagenbetrieb muss nicht unterbrochen werden. Vor dem Start besteht im Rahmen der Flugplanung die Möglichkeit, die Flugroute über die Anlage hinweg per GPS-Koordinaten am Schreibtischrechner zu planen und abzuspeichern. Die Drohne kann dann mit diesen vorgegebenen Daten einen Solarpark autonom abfliegen und radiometrische Daten erzeugen. In der Auswertung werden die Infrarotbilder zu einem Orthofoto zusammengefügt. Somit sind die fehlerhaften PV-Module schnell identifizierbar. Dieses Verfahren spart erheblich Kosten und bietet die Möglichkeit, in regelmäßigen Abständen die Anlage zu untersuchen und somit im Ertrag zu optimieren.

Der Vorteil eines Drohneneinsatzes besteht also darin, dass diese Untersuchung sehr schnell erfolgt und vor Ort unter realen Einsatzbedingungen an allen Modulen durchgeführt werden kann. Die PV-Anlage bleibt dabei in Betrieb und muss nicht abgeschaltet werden.

Beim Einsatz wird die Wärmestrahlung der Fotovoltaikmodule gemessen. Aus den Abweichungen in der Wärmestrahlung kann auf Fehler geschlossen und diese können exakt lokalisiert werden. Die Auswertung des IR-Bilds ermöglicht eine Aussage über vorhandene Fehler. Eine präzise Definition eines Fehlers – Zellbruch, kurzgeschlossene Zellen, potenzialinduzierte Fehler (PIDs), Stringfehler, defekte Einzelzellen oder andere Fehler – kann dann anhand der gewonnenen und gespeicherten Daten von kompetenten Fachleuten entweder direkt vor Ort oder zu einem späteren Zeitpunkt am Schreibtisch vorgenommen werden.

Drohnen im Handwerk

Handwerker setzen beispielsweise bei Gebäudereparaturen und -sanierungen immer öfter Drohnen für Foto- und Wärmebildaufnahmen ein. Das geht schneller und ist billiger, um an schwer zugängliche Hausbereiche zu gelangen. Sie ersetzen Leitern und Ferngläser!

Rechts oben: Mit einer Drohne ist der Dachdecker schnell darüber im Bilde, wie es um die Abdichtung dieses Schornsteins bestellt ist.

Rechts unten: Bauherr und Zimmermannsleute können nach dem Aufstellen des Dachs mittels einer Drohne auf einen Blick erkennen, ob die Arbeit auch ordentlich ausgeführt wurde.

REWASI-TOP UV+

Ein Sturmschaden in einem kleinen Wäldchen kann aus der Luftperspektive schnell und einfach für ein Gutachten zur Dokumentation des Baumschadens aufgenommen werden.

Früher musste der Handwerker mit dem Fernglas nach Rissen und nassen Stellen in der Fassade suchen, aufwendig ein teures Gerüst aufbauen lassen oder einen Steiger mieten. Am Bau ist der Einsatz einer Drohne als technisches Werkzeug nicht nur aus kaufmännischer Sicht sinnvoll. Auch die Gefahr von Unfällen durch Stürze etc. wird dadurch minimiert.

Durch die Aufnahmen aus der Vogelperspektive wird die ganzheitliche Betrachtung einer Immobilie oder einer Liegenschaft erst ermöglicht. Die Datenerfassung mit den unterschiedlichen Auswertungsmöglichkeiten optimiert die sachverständige Gebäudediagnostik. Drohnenkameras liefern in Echtzeit gestochen scharfe Bilder – der Handwerker weiß dann sofort, wo marode Stellen im Mauerwerk sind und was wie erneuert werden muss. Auch für Gutachten können die per Drohne gewonnenen Erkenntnisse genutzt werden. Natürlich sind Drohnen ebenso bei der Baufortschrittsdokumentation sinnvoll.

Von oben sieht der Rohbau eines Hauses gleich ganz anders aus. So können Bauherr und Maurer den Baufortschritt dokumentieren und gegebenenfalls noch korrigierend eingreifen, sollte mal eine Wand nicht so gesetzt worden sein, wie es geplant war.

Hilfe bei der Vermisstensuche

Eis, Laub, Nebel, tiefe oder dreckige Gewässer: Dort, wo das menschliche Auge nicht mehr hinsehen kann, ermöglicht eine Drohne, bestückt mit einer Wärmebildkamera, klare Sicht auf das, worauf es für Polizei und Feuerwehr ankommt: menschliches Leben. Ein Suchgebiet kann komplett eingegrenzt und mehrmals abgelaufen werden, ohne etwas zu entdecken. Und trotzdem befand sich eine vermisste Person in diesem Areal! Kein erfundenes Szenario, sondern bereits erlebte Realität! Erst mithilfe eines Multicopters konnte die Vermisste schließlich unter Gestrüpp gefunden werden.

Als Alternative zu Hubschrauber und Bodensuchstaffel kann ein Multicopter in diesem Bereich nicht gesehen werden, da sind sich Rettungskräfte, die bereits erste Erfahrungen gesammelt haben, sicher. Jedoch ist er eine wertvolle Ergänzung, ein Rettungsspreizer wird für Feuerwehrleute jedoch immer wichtiger bleiben. Ein Multicopter kann schließlich keinen Menschen aus einem Fluss ziehen oder Brände löschen, aber er kann den Faktor Zeit bei den Einsätzen erheblich reduzieren. Und auf genau diesen kommt es bei der Feuerwehr an: Minuten, Sekunden, Augenblicke können über menschliches Leben entscheiden.

Anhang A

Drohnenverordnungen

Nachfolgend können über die abgebildeten QR-Codes die jetzt auslaufende deutschen Drohnenverordnung von 2017, der BMVI-Flyer zur Drohnenverordnung sowie die neue EU-Drohnenverordnung als PDF-Datei heruntergeladen und eingesehen werden.

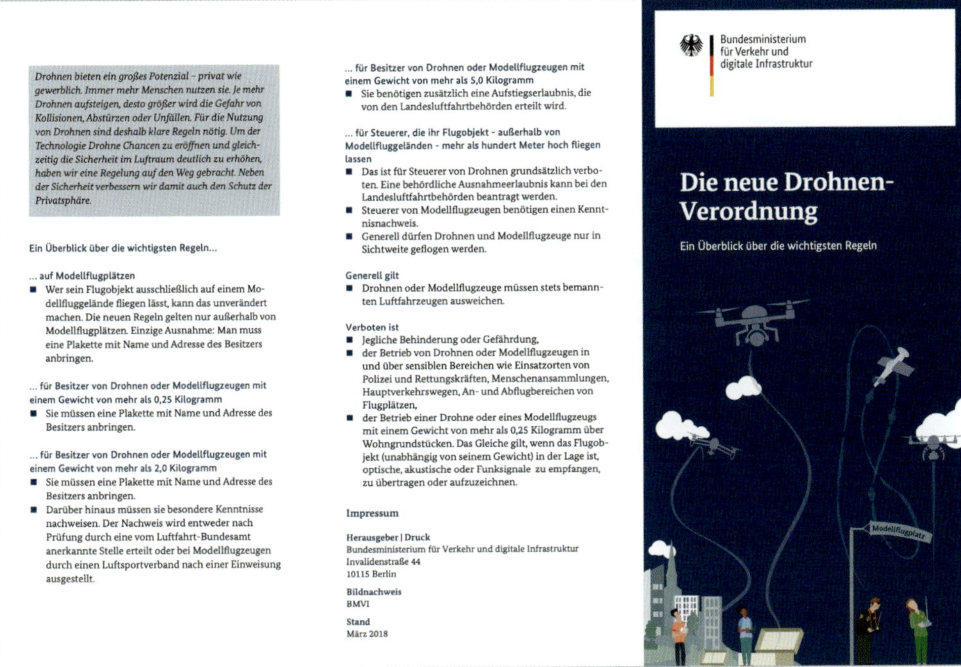

Drohnen bieten ein großes Potenzial – privat wie gewerblich. Immer mehr Menschen nutzen sie. Je mehr Drohnen aufsteigen, desto größer wird die Gefahr von Kollisionen, Abstürzen oder Unfällen. Für die Nutzung von Drohnen sind deshalb klare Regeln nötig. Um der Technologie Drohne Chancen zu eröffnen und gleichzeitig die Sicherheit im Luftraum deutlich zu erhöhen, haben wir eine Regelung auf den Weg gebracht. Neben der Sicherheit verbessern wir damit auch den Schutz der Privatsphäre.

Ein Überblick über die wichtigsten Regeln…

… auf Modellflugplätzen

- Wer sein Flugobjekt ausschließlich auf einem Modellfluggelände fliegen lässt, kann das unverändert machen. Die neuen Regeln gelten nur außerhalb von Modellflugplätzen. Einzige Ausnahme: Man muss eine Plakette mit Name und Adresse des Besitzers anbringen.

… für Besitzer von Drohnen oder Modellflugzeugen mit einem Gewicht von mehr als 0,25 Kilogramm

- Sie müssen eine Plakette mit Name und Adresse des Besitzers anbringen.

… für Besitzer von Drohnen oder Modellflugzeugen mit einem Gewicht von mehr als 2,0 Kilogramm

- Sie müssen eine Plakette mit Name und Adresse des Besitzers anbringen.
- Darüber hinaus müssen sie besondere Kenntnisse nachweisen. Der Nachweis wird entweder nach Prüfung durch eine vom Luftfahrt-Bundesamt anerkannte Stelle erteilt oder bei Modellflugzeugen durch einen Luftsportverband nach einer Einweisung ausgestellt.

… für Besitzer von Drohnen oder Modellflugzeugen mit einem Gewicht von mehr als 5,0 Kilogramm

- Sie benötigen zusätzlich eine Aufstiegserlaubnis, die von den Landesluftfahrtbehörden erteilt wird.

… für Steuerer, die ihr Flugobjekt - außerhalb von Modellfluggeländen - mehr als hundert Meter hoch fliegen lassen

- Das ist für Steuerer von Drohnen grundsätzlich verboten. Eine behördliche Ausnahmeerlaubnis kann bei den Landesluftfahrtbehörden beantragt werden.
- Steuerer von Modellflugzeugen benötigen einen Kenntnisnachweis.
- Generell dürfen Drohnen und Modellflugzeuge nur in Sichtweite geflogen werden.

Generell gilt

- Drohnen oder Modellflugzeuge müssen stets bemannten Luftfahrzeugen ausweichen.

Verboten ist

- Jegliche Behinderung oder Gefährdung,
- der Betrieb von Drohnen oder Modellflugzeugen in und über sensiblen Bereichen wie Einsatzorten von Polizei und Rettungskräften, Menschenansammlungen, Hauptverkehrswegen, An- und Abflugbereichen von Flugplätzen,
- der Betrieb einer Drohne oder eines Modellflugzeugs mit einem Gewicht von mehr als 0,25 Kilogramm über Wohngrundstücken. Das Gleiche gilt, wenn das Flugobjekt (unabhängig von seinem Gewicht) in der Lage ist, optische, akustische oder Funksignale zu empfangen, zu übertragen oder aufzuzeichnen.

Impressum

Herausgeber | Druck
Bundesministerium für Verkehr und digitale Infrastruktur
Invalidenstraße 44
10115 Berlin

Bildnachweis
BMVI

Stand
März 2018

Bundesministerium für Verkehr und digitale Infrastruktur

Die neue Drohnen-Verordnung

Ein Überblick über die wichtigsten Regeln

Die neue deutsche Drohnenverordnung steht auf der Website des BMVI als PDF-Dokument zum Download zur Verfügung.

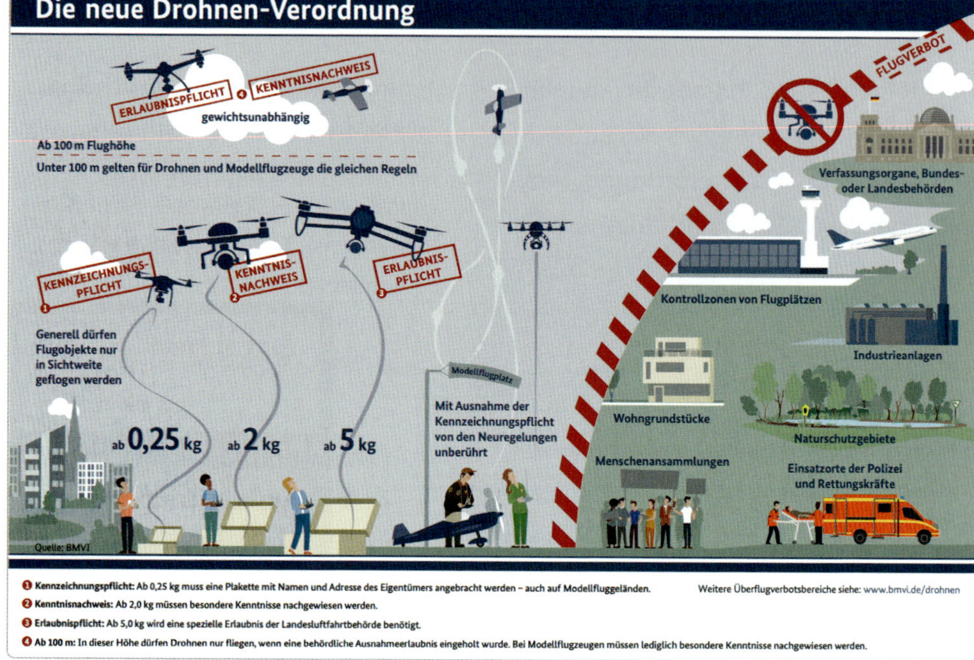

Die schematische Darstellung der deutschen Drohnenverordnung aus dem Jahr 2017. Diese Verordnung gilt nach wie vor und mindestens bis Sommer 2020. (Bild: BMVI)

DVO-Flyer

Der Link zum Flyer des Bundesministeriums für Verkehr und Infrastruktur aus dem Jahr 2017.

DVO-Gesetz

Der Link zur deutschen (und derzeit auch noch geltenden) Drohnenverordnung aus dem Jahr 2017.

Logo der Europäischen Kommission

Die Europäische Kommission.

EU-Verordnung

Der Link zur delegierten EU-Verordnung 2019/945 der Kommission vom 12. März 2019 über unbemannte Luftfahrzeugsysteme und Drittlandbetreiber unbemannter Luftfahrzeugsysteme nebst Anhang.

Anhang B

Verbände und Organisationen

In der Drohnenbranche finden sich einige Verbände und Organisationen, die sich den Themen Drohnenentwicklung, Wissenschaft, Copter-Piloten etc. verschrieben haben. Im Nachfolgenden sind die relevantesten alphabetisch aufgeführt (ohne Anspruch auf Vollständigkeit):

Bundesverband der Deutschen Luftverkehrswirtschaft

Der *Bundesverband der Deutschen Luftverkehrswirtschaft* (BDL) ist die gemeinsame Stimme der deutschen Luftverkehrswirtschaft. Er steht allen deutschen Unternehmen und Verbänden der Luftfahrt offen. Der Verband vertritt und fördert die Interessen von Fluggesellschaften, Flughäfen, der Deutschen Flugsicherung sowie weiterer Leistungsanbieter im deutschen Luftverkehr. Der BDL setzt sich dafür ein, dass sich der Luftverkehrsstandort Deutschland leistungsstark und wettbewerbsfähig entwickeln kann – in Verantwortung für Gesellschaft und Umwelt. Als zentraler Ansprechpartner für Politik, Medien und Öffentlichkeit bündelt und kommuniziert der Verband die Themen, die für die deutsche Luftverkehrswirtschaft von Bedeutung sind.

www.bdl.aero

Bundesverband der Deutschen Luft- und Raumfahrtindustrie

Der *Bundesverband der Deutschen Luft- und Raumfahrtindustrie* (BDLI) repräsentiert eine strategisch wichtige Hightech-branche, in der Deutschland und Europa eine global führende Rolle einnehmen. Mit über 240 Mitgliedern vertritt der BDLI die Interessen einer Branche, die sich durch internationale Technologieführerschaft und weltweiten Erfolg auszeichnet. Die deutsche Luft- und Raumfahrtindustrie ist nicht nur Lebensader und Impulsgeber der Wirtschaft, sondern auch wichtiger Arbeitgeber für überwiegend hochqualifizierte Mitarbeiterinnen und Mitarbeiter: Mit 111.500 direkt Beschäftigten bündelt sie nahezu alle strategischen Schlüsseltechnologien des 21. Jahrhunderts und generiert ein jährliches Umsatzvolumen von gegenwärtig 40 Milliarden Euro.

www.bdli.de

Bundesverband für Unbemannte Systeme

Der *Bundesverband für Unbemannte Systeme* (BUVUS) ist ein Netzwerk und eine Interessenvertretung für den professionellen Einsatz unbemannter Systeme zu Land, zu Wasser und in der Luft.

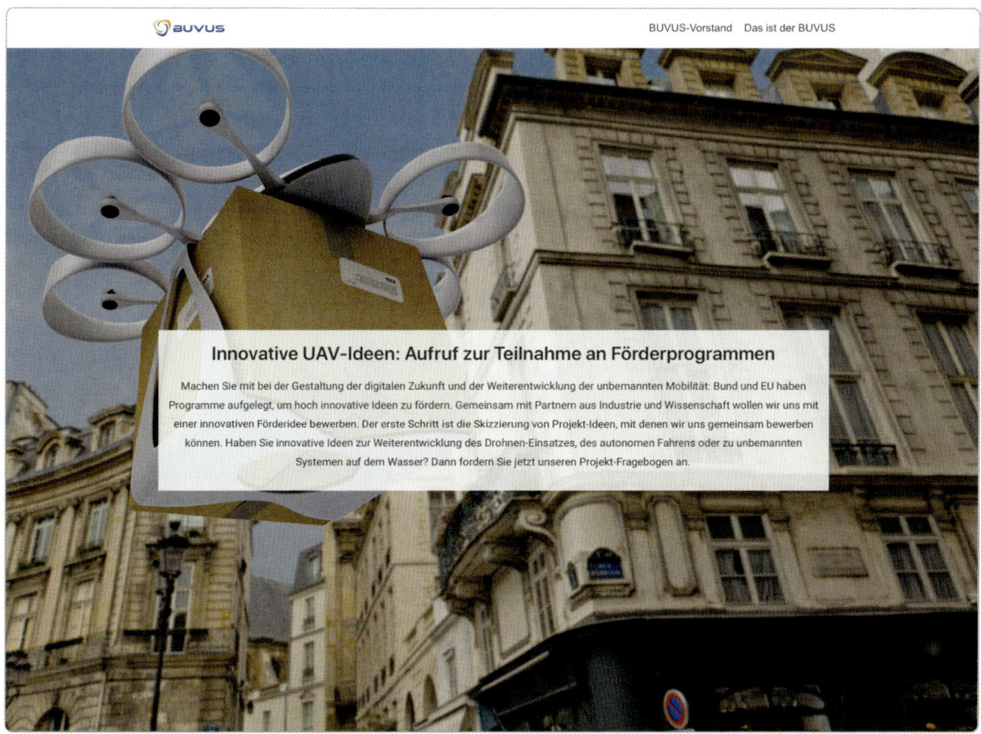

www.buvus.de

Bundesverband Copter Piloten

Der *Bundesverband Copter Piloten* (BVCP) möchte durch seine Arbeit ein besseres Verständnis von Drohnen und deren Einsatzmöglichkeiten schaffen sowie Copter-Piloten Kenntnisse vermitteln und sie schulen, um so die Basis für mehr Akzeptanz in der Gesellschaft zu schaffen. Mit seiner Initiative „Arial Culture" will der BVCP mit seinen Mitgliedern gemeinsam einen Verhaltenskonsens schaffen, der einen respektvollen Umgang mit Drohnen zum Ziel hat.

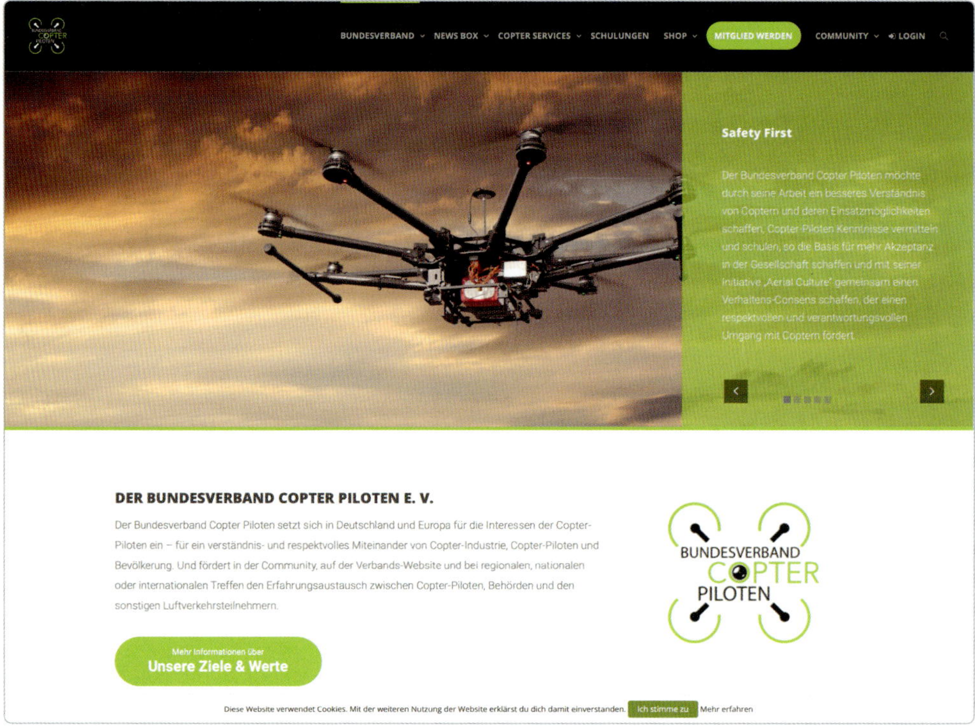

www.bvcp.de

Branchenverband Zivile Drohnen

Die zentralen Ziele des *Branchenverbands Zivile Drohnen* (BVZD) sind die wirtschaftliche Förderung der jungen Industrie, die Erhöhung der Flugsicherheit im Abgleich mit anderen Verkehrsteilnehmern und die positive Ausgestaltung politischer Rahmenbedingungen. Mitglieder des BVZD bieten in der gesamten Breite zivile Drohnen und Drohnendienstleistungen unterschiedlichster Art an. Der Verband sieht in der Nutzung ziviler Drohnen ein enormes wirtschaftliches, technisches und gesellschaftliches Potenzial. Drohnen haben die Kraft, Wirtschafts- und Arbeitsprozesse deutlich zu verändern und effizienter zu gestalten – nicht nur in der Logistik. Die Organisation ist fest von der Drohnenzukunft mit neuen Formen der Mobilität überzeugt und öffnet sich deshalb ausdrücklich auch Formen der autonomen Mobilität.

Branchenverband Zivile Drohnen:
Neue Mobilität, Digitalisierung und Logistik

Mit unbemannten Flugobjekten verdienen wir unser Geld.
Wir sind Anbieter von Dienstleistungen, Drohnenhersteller und Drohnenpiloten.
Wir veranstalten Rennen für Drohnenflieger oder entwickeln die Möglichkeiten der Drohnentechnik weiter. Wir sind nicht-militärisch.

www.bvzd.org

CURPAS

Der CURPAS e. V. (*Civil Use of Remotly Piloted Aircraft Systems*) wurde im Jahr 2016 durch 16 Gründungsmitglieder ins Leben gerufen. Zur Förderung der zivilen Nutzung, Entwicklung und Erforschung von unbemannten Systemen (vor allem Flugsystemen) sollte ein starkes Netzwerk entstehen, das diese innovative Technologie vertritt und vorantreibt. Bis heute konnte der Verein mehr als 50 Mitglieder, bestehend aus Nutzern, Herstellern und wissenschaftlichen Einrichtungen, von seinem Anliegen überzeugen und dafür begeistern. Um das Potenzial der unbemannten Flugsysteme auszuschöpfen, gilt es, Chancen zu erkennen und die damit verbundenen Herausforderungen zu lösen. Dazu möchte CURPAS die notwendige Plattform bieten.

www.curpas.de

Verband für unbemannte Luftfahrt

Der *Verband für unbemannte Luftfahrt* (UAV DACH) besteht seit dem Jahr 2000 und ist der größte und erfahrenste deutschsprachige Fachverband für unbemannte Luftfahrt in Europa. Er vertritt die Interessen von ca. 200 Mitgliedern aus Forschung und Entwicklung, Hersteller- und Zulieferindustrie sowie Anwendern und Dienstleistern aus den Ländern Deutschland, Österreich, Schweiz, Italien und Niederlande. Der Verband verfolgt als übergeordnete Ziele die wirtschaftliche Konstruktion und Verwendung von unbemannten Luftfahrzeugen zum Nutzen der Bevölkerung, das Erreichen breiter öffentlicher Akzeptanz und die Betriebssicherheit im Luftraum ohne Gefahren für Personen und Sachen am Boden.

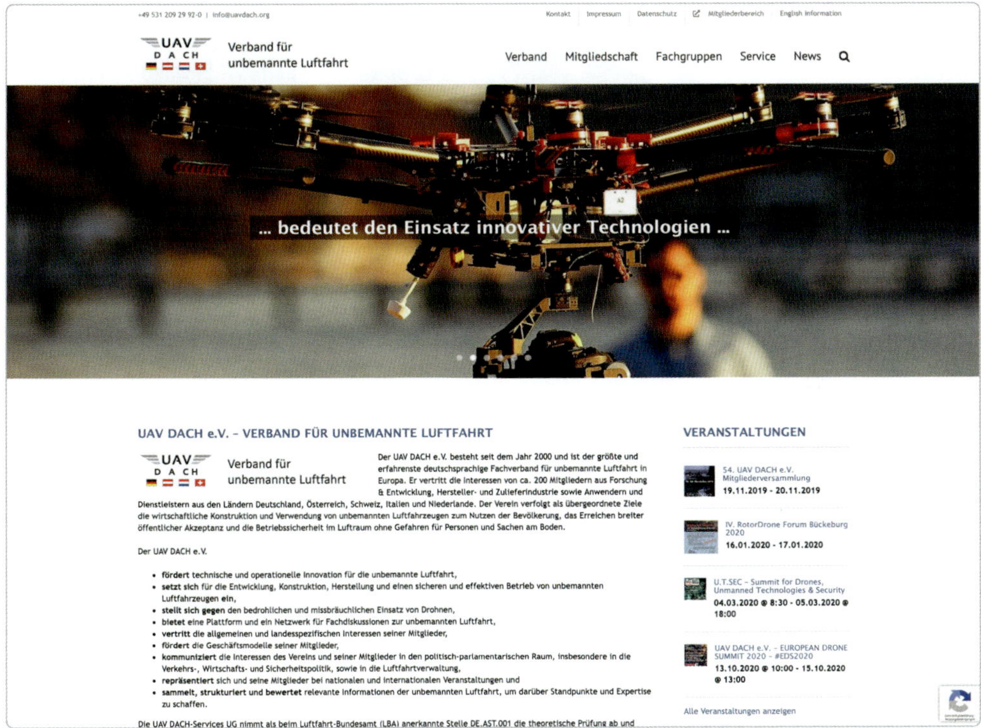

www.uavdach.org

Verband Unbemannte Luftfahrt

Die Entwicklung des Drohnenmarkts bietet für Deutschland und Europa ein großes Potenzial an Wertschöpfung und gibt wichtige Impulse für die Schaffung von Arbeitsplätzen. Der Verband *Unbemannte Luftfahrt* (VUL) ist aus einer Initiative von BDL und BDLI heraus im Jahr 2017 entstanden und unterstützt die aktuellen Ansätze auf nationaler, europäischer und internationaler Ebene, Standards für die Herstellung und Zertifizierung sowie eine umfassende Gesetzgebung für die Integration von unbemannten Flugsystemen (UAS) in den Luftraum zu schaffen.

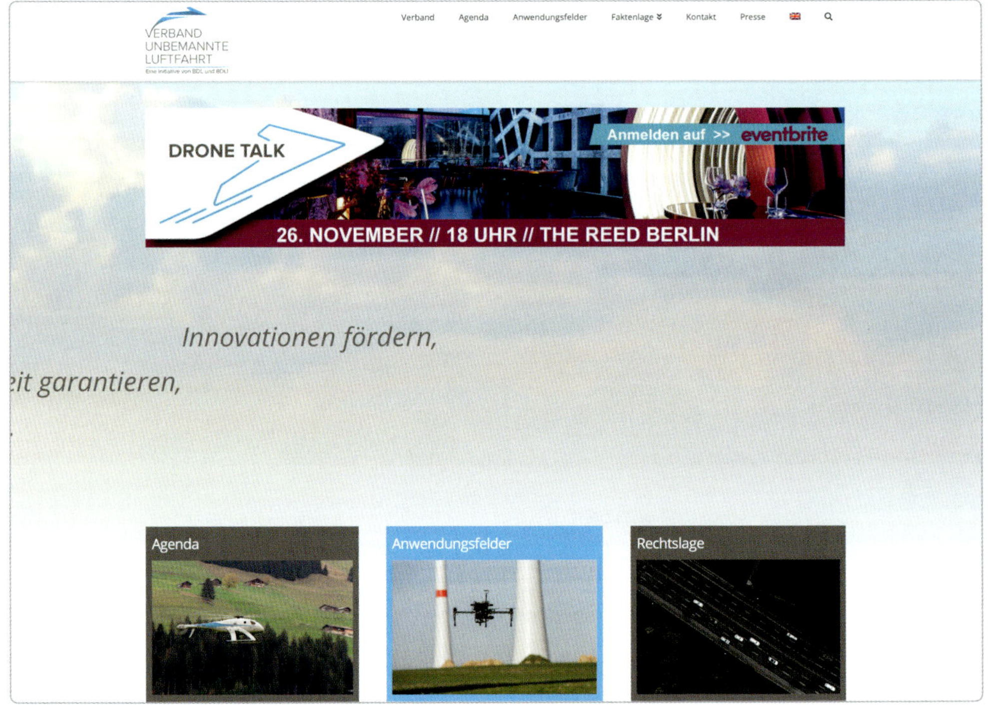

www.verband-unbemannte-luftfahrt.de

Anhang C

Glossar

ADS-B – Automatic Dependent Surveillance - Broadcast – Automatische Aussendung zugehöriger/abhängiger Beobachtungsdaten. Ein System der Flugsicherung zur Anzeige der Flugbewegungen im Luftraum.

ADB-S – Ein Transponder, der regelmäßig auf 1.090 MHz den Flugzeugtyp sowie Position und Flugrouteninformationen aussendet.

AirSense – Ein ADS-B-Empfänger, der z. B. ab 2020 in jedem neuen DJI-Copter über 250 Gramm eingebaut werden soll. Damit sollen Drohnenpiloten vor herannahenden Luftfahrzeugen gewarnt werden, die mit einem ADB-S-Transponder ausgestattet sind.

ATC – Air Traffic Control.

ATM – Air Traffic Management.

ATN – Air Navigation Service.

ATTI – Kurzform für Attitude, bedeutet Fluglage.

BDL – Bundesverband der Deutschen Luftverkehrswirtschaft.

BDLI – Bundesverband der Deutschen Luft- und Raumfahrtindustrie.

BVCP – Bundesverband der Copter Piloten.

BVLOS – Beyond Visual Line of Sight – Hier fliegt der Pilot das Objekt, ohne es dabei zu sehen. Der Begriff steht für den Flug ohne direkte Sichtverbindung.

BVZD – Branchenverband Zivile Drohnen.

CE – Mit der CE-Kennzeichnung erklärt der Hersteller, Inverkehrbringer oder EU-Bevollmächtigte gemäß EU-Verordnung 765/2008, „dass das Produkt den geltenden Anforderungen genügt, die in den Harmonisierungsrechtsvorschriften der Gemeinschaft über ihre Anbringung festgelegt sind".

CONOPS – Ein Betriebskonzept, das die Merkmale eines Systems aus der Sicht einer Person dokumentarisch beschreibt, die dieses System verwenden möchte.

CTR – Kontrollzonen – Flugsicherungskontrollierter Luftraum zum Schutz des Luftverkehrs an Flugplätzen, der nach den Instrumentenflugregeln (IFR) agiert.

CURPAS – Civil Use of Remotly Piloted Aircraft Systems – CURPAS e. V. wurde im Jahr 2016 zur Förderung der zivilen Nutzung, Entwicklung und Erforschung von unbemannten Systemen (vor allem Flugsystemen) gegründet.

DFS – Deutsche Flugsicherung.

Drohne – Unter einer „Drohne" versteht man ein unbemanntes Fluggerät. Das Luftrecht unterscheidet zwischen unbemannten Luftfahrtsystemen und Flugmodellen. Gemäß § 1 Luftverkehrsgesetz handelt es sich bei unbemannten Luftfahrtsystemen um ausschließlich gewerblich genutzte Geräte. Flugmodelle sind hingegen privat, also zum Zwecke des Sports oder der Freizeitgestaltung genutzte Geräte.

EASA – Agentur der Europäischen Union für Flugsicherheit.

FPV – First Person View – Fliegen mit einer FPV-Brille, die das Videosignal von der Drohne zum Piloten auf die Brille überträgt.

Geofencing – Elektronisch zugewiesene Flugbereiche.

GPS – Global Positioning System – Globales Positionsbestimmungssystem.

IMU – Inertial Measurement Unit – Eine räumliche Kombination mehrerer Inertialsensoren – wie Beschleunigungs- und Drehratensensoren. Es stellt die sensorische Messeinheit eines Trägheitsnavigationssystems dar.

JARUS – Joint Authorities on Rulemaking for Unmanned Systems.

Kp-Index – Kp-Index (das K steht für Kennziffer) bezeichnet eine planetarische Kennziffer. Dieser Index wurde entwickelt, um solare Teilchenstrahlung durch ihre magnetische Wirkung darzustellen. Die symbolische Darstellung erfolgt in den ganzzahligen Werten 0 bis 9 in einem Diagramm.

LBA – Luftfahrt-Bundesamt.

LLB – Landesluftfahrtbehörde.

LTE – Long Term Evolution – LTE (auch 3.9G) ist eine Bezeichnung für den Mobilfunkstandard der dritten Generation. Eine Erweiterung heißt LTE-Advanced beziehungsweise 4G.

LUC – Light UAS Operator Certificate – Betreiberzeugnis für ein Leicht-AUS.

LuftVO – Luftverkehrsordnung.

MTOM – Maximum Take off Mass – Höchstzulässige Startmasse.

NFL – Nachrichten für Luftfahrer.

NOTAM – Anordnungen und Informationen über temporäre oder auch permanente Änderungen im Luftraum.

NPA – Notice of Proposed Amendment.

OSD – Flugdatenübertragung.

RMZ – Radio Mandatory Zone.

RTH – Return-to-Home – Automatische Funktion in einer Drohne zur sicheren Rückführung des Copters zum Startpunkt, z. B. bei einem Abbruch des Funkkontakts zwischen Drohne und Controller.

RTF – Ready to Fly, Fertig zum Fliegen – Eine RTF-Drohne ist ein sofort einsatzbereites und startklares Luftfahrtsystem.

RTK – Real Time Kinematics, Echtzeitkinematik – Ein System, das für präzise Vermessungstätigkeiten aus der Luft notwendig ist.

SESAR – Single European Sky ATM Research Program – Arbeitsgemeinschaft mehrerer Regierungsorganisationen aus der Luftfahrt- und Drohnenbranche, gegründet von der Europäischen Kommission und Eurocontrol.

SORA-GER – Specific Operational Risk Assessment – GERmany – Ein Risikobewertungssystem.

TMZ – Transponder Mandatory Zone.

UAS – Unmanned Aircraft System – Unbemanntes Luftfahrtsystem, besteht aus dem Flugobjekt und einer Bodenstation (Controller).

UAV – Unmanned Aircraft Vehicel – Unbemanntes Luftfahrzeug.

UAV DACH – Verband für unbemannte Luftfahrt, Deutschland, Österreich und Schweiz.

Urban Air Mobility – Mobilität in der dritten Dimension oder, salopp formuliert: dem Stau entfliegen.

UMTS – Universal Mobile Telecommunications System – Ist ein Mobilfunkstandard der dritten Generation (3G).

U-Space – Luftraumverwaltungsmanagement für unbemannte Luftfahrzeuge.

UTM – UAS Traffic Management System.

VLOS – Visual Line of Sight – Die direkte Sichtverbindung zwischen Pilot und Flugobjekt.

VUL – Verband Unbemannte Luftfahrt.

WLAN – Wireless Local Area Network – Drahtloses lokales Netzwerk.

Anhang D

Links

Hier eine Liste ausgesuchter Links, die gegebenenfalls hilfreich sein können. Die Sammlung erhebt keinen Anspruch auf Vollständigkeit, und für die Richtigkeit wird keine Haftung übernommen.

HILFREICHE LINKS	
Bundeswirtschaftsministerium	*www.bmwi.de/Redaktion/DE/Dossier/luft-und-raumfahrt.html*
Bundesverkehrsministerium	*www.bmvi.de/SharedDocs/DE/Artikel/LF/151108-drohnen.html*
Thomas Jarzombek, Luftfahrtkoordinator der Bundesregierung und Beauftragter für Digitalwirtschaft und Start-ups des Bundeswirtschaftsministeriums	*www.jarzombek.de*
Safe Drone, Service der Lufthansa-Technik für Drohnenpiloten	*www.safe-drone.de*
DJI-Enterprise-Händler Droneparts	*www.droneparts.de*
DJI-Enterprise-Händler Globe Flight	*www.globe-flight.de*
DJI-Enterprise-Händler Solectric Distribution GmbH	*www.solectric.eu*
DJI	*www.dji.com*
Yuneec	*www.yuneec.de*
Parrot	*www.parrot.com*
Intel	*www.intel.de*
Sitebots	*www.sitebots.com*
Microdrones	*www.microdrones.com*
Kp-Index-Veröffentlichung des Deutschen Geoforschungszentrums (GFZ)	*www.gfz-potsdam.de/kp-index*
Drohnenflug-Planungs-App	*www.map2fly.de*
U-Space	*www.sesarju.eu/u-space*

HILFREICHE LINKS	
Übersicht über Schutzgebiete etc. in Deutschland	*geodienste.bfn.de/schutzgebiet*
European Union Aviation Safety Agency (EASA)	*geodienste.bfn.de/schutzgebiet*
Deutsche Flugsicherung (DFS)	*www.dfs.de*
Kostenlose Registrierung bei der DFS	*secais.dfs.de/pilotservice*
Liste der vom LBA nach § 21d LuftVO anerkannten Ausbildungsstellen für Drohnenpiloten	*www.lba.de/DE/Luftfahrtpersonal/Unbemannte_Fluggeraete/Liste_anerkannte_Stellen.htm*
Liste und Adressen der Landesluftbehörden	*www.lba.de/DE/Presse/Landesluftfahrtbehoerden/Landesluftfahrtbehoerden_Uebersicht.html*
Luftraumkarten	*maps.openaip.net oder für individuelle Einstellungen map2fly.flynex.de*
Übersicht über Luftfahrtabkürzungen	*de.wikipedia.org/wiki/abkürzungen/luftfahrt*
Erklärungen zu den Lufträumen	*de.wikipedia.org/wiki/luftraum*
Netzwerke für Rehkitzretter/-sucher	*www.rehkitzrettung.org/bvcp.de/rehkitzrettung-aus-der-luft/*
Kostenlos Drohnen kaufen/verkaufen	*drohnenboerse.de*

Index

Symbole

A

B

C

D

W

Y

Z

Bildnachweis

Alle Bilder in diesem Buch wurden von **Uwe Schneider** erstellt.

Ausgenommen Pressefotos und Quellennachweise für Grafiken und schematische Darstellungen.

Uwe Schneider

Drohnen – legal und professionell

Europaweit einheitliche Regeln

Inhaltsverzeichnis

Einleitung

Der nachfolgende Einleger ist eine Ergänzung zum 2019 erschienenen Buch „Drohnen – legal und professionell". Die Inhalte in diesem Buch sind insgesamt nach wie vor aktuell. Der Einleger vertieft lediglich das Kapitel „Gesetze und Versicherungen" ab Seite 90 mit neuen Details, die sich nach Veröffentlichung des Buches gesetzlich ergeben haben.

Bei Drucklegung des Buches waren viele Details der neu geschaffenen EU-Drohnenverordnung noch nicht in die Praxis umgesetzt. Beispielsweise war zu dem Zeitpunkt nicht klar, wie die Registrierungspflicht von Fernpiloten vonstattengehen soll. Auch stand in den Sternen, welche Stellen den Kompetenznachweis A1/A3 sowie das Fernpilotenzeugnis A2 ausstellen bzw. Prüfungen dazu abnehmen dürfen.

Die Umsetzung der EU-Drohnenverordnung in nationales Recht war ebenfalls noch in der Schwebe. Bis heute gibt es immer noch das einen oder andere Fragezeichen bei der Umsetzung.

Das Luftfahrtbundesamt (LBA) hat in Zusammenarbeit mit den Landesluftfahrtbehörden (LLB) der Bundesländer in den vergangenen zwei Jahren viel Arbeit geleistet, um die Durchführung der EU-Drohnenverordnung so weit wie möglich praxisnah umzusetzen.

Dieser Einleger gibt einen Überblick über die Ergebnisse dieser Arbeit und zeigt auf, welche Anforderungen, Auflagen etc. künftig an einen Fernpiloten sowie einen Drohnenflug gestellt werden.

7.1 Europaweit einheitliche Regeln

EU-Regulierung mit der Durchführungsverordnung (EU) 2019/947, EU-Kompetenznachweis A1/A3, EU-Fernpilotenzeugnis A2, Umsetzung in der nationalen Luftverkehrsordnung, Genehmigungsverfahren in der speziellen Kategorie und, und, und ...

Anscheinend eine Never-Ending-Story! Oder?

Da gehen die Meinungen weit auseinander! Europäisches Recht ersetzt nationales Recht, zumindest dort, wo sich entsprechende Vorschriften widersprechen oder nicht identisch sind. Heißt auf den ersten Blick, dass ein Fernpilot nun überall in der EU in den offenen Kategorien A1 bis A3 unter Einhaltung nationaler Vorschriften frei fliegen darf, ohne sich dazu auch noch in einem anderen EU-Land für einen Flugbetrieb zusätzlich registrieren zu müssen.

Ein klarer Vorteil gegenüber der alten Regelung!

Ein weiterer Vorteil ist, dass die Regeln klar definiert und europaweit einheitlich sein sollten. Somit sind die Vorgaben für alle Fernpiloten gleich.

Allerdings steckt der Teufel im Detail. Was sich in der Theorie so einfach liest, bedeutete in der Umsetzung im Detail ein komplexes Verwaltungshandeln – insbesondere in einem föderalen Staatsgebilde wie in Deutschland. Hier sind eben nicht nur nationale, sondern auch Zuständigkeiten auf Landesebene zu berücksichtigen.

Das zuständige Bundesministerium für Verkehr und digitale Infrastruktur stand vor der Aufgabe, innerhalb eines Jahres die Novellierung des Luftverkehrsgesetzes (LuftVG), der Luftverkehrsordnung (LuftVO), der Luftverkehrszulassungsordnung (LuftVZO), der Kostenverordnung der Luftfahrtverwaltung (LuftkostV) und des Gesetzes über das Luftfahrt-Bundesamt (LBA-Gesetz) so voranzutreiben, dass das deutsche Rechts- und Verwaltungssystem zu deren Geltungsbeginn am 1. Juli 2021 fit für die Vorgaben der europäischen Drohnenverordnung ist.

Es erübrigt sich an dieser Stelle, sich darüber auszulassen, dass derartige Umsetzungen in Deutschland anscheinend eben nicht schnell umgesetzt werden können. Insofern war klar, dass die Umsetzung der EU-Vorgaben in nationales Recht mehr als ein Jahr in Anspruch nehmen würde.

Glück im Unglück – bedingt durch die Coronapandemie wurde der Geltungstermin der EU-Verordnung kurzerhand um ein halbes Jahr nach hinten verlegt: auf den 31. Dezember 2020. Dadurch konnte auch die Übergangsphase in Deutschland um ein halbes Jahr nach hinten geschoben werden: Deadline ist jetzt der 31. Dezember 2021. Doch auch nach endgültiger Beendigung dieser Übergangsphase wird es noch Irritationen und Unmut geben, sodass eine Nachjustierung aus heutiger Sicht unumgänglich sein wird.

▲ *Die Grafik veranschaulicht, dass das Zusammenspiel nationaler und europäischer Behörden kompliziert ist, vor allem dann, wenn nationale und europäische Gesetzgebung involviert sind. (Quelle: LBA)*

7.2 Die aktuelle Lage

Die Entwicklung der nationalen Luftverkehrsordnung (LuftVO) auf Basis der seit Anfang 2021 geltenden EU-Drohnenverordnung und das sich nach wie vor hinziehende und teils auch chaotische Genehmigungsverfahren mit mehr Unklarheiten als Lösungen sorgt bei vielen Fernpiloten für Resignation und Zukunftssorgen – vor allem vor dem Hintergrund, dass die Übergangsphase über das Jahr 2021 hinaus nicht verlängert wird.

Wo hapert es?

Insbesondere in der verwaltungs- und verfahrenstechnischen Umsetzung der neuen Regulierung in nationales Recht zeigen sich gravierende Probleme. Einige Landesluftbehörden (LLB) beispielsweise haben kurzerhand ihre Verantwortung an das Luftfahrtbundesamt (LBA) abgegeben. Dort konnten eingehende Anträge für Einsätze in der speziellen Kategorie bisher nicht bearbeitet werden, da die Grundlagen dieser Übergabe rechtlich noch abschließend zu klären sind.

▲ *Bei den blau unterlegten Bundesländern haben die jeweiligen Landesluftbehörden die Verantwortung für den Drohnenbereich an das Luftfahrtbundesamt abgegeben. Die anderen Bundesländer stehen Fernpiloten bei der Beantragung von Genehmigungen weiterhin verantwortlich zur Verfügung. (Quelle: LBA)*

Auch mit den CE-Zertifizierungen von Drohnen geht es nicht voran. Und dies, obwohl Hersteller erklärt haben, dass deren derzeitig auf dem Markt befindliche Drohnen überwiegend schon die Anforderungen einer CE-Zertifizierung erfüllen würden. Somit gibt es aktuell keine CE-zertifizierte Drohne auf dem europäischen Markt. Auch ist nicht geklärt, ob es für sogenannte „Bestandsdrohnen" eine Chance auf eine nachträgliche Zertifizierung geben wird.

Es gibt allerdings immer noch kein Verfahren geschweige denn eine zuständige Stelle für die Vergabe dieser Zertifizierung. Damit schwirren aktuell ausschließlich Bestandsdrohnen im europäischen Luftraum herum, deren Piloten ab 2022 vorerst mit erschwerten Rahmenbedingungen und erheblichen Gebühren klarkommen müssen.

7.3 Die Veränderungen auf einen Blick

Nachfolgend einige Änderungen gegenüber der deutschen Drohnenverordnung aus dem Jahr 2017 in einem kurzen Überblick:

1. Anhebung der maximalen Flughöhe von 100 auf 120 m.
2. Anpassung der Gewichtsgrenzen.
3. Registrierungspflicht für Fernpiloten.
4. Einführung von zwei unterschiedlichen Drohnenführerscheinen – EU-Kompetenznachweis und EU-Fernpilotenzeugnis.
5. Eindeutige elektronische Identifizierungsnummer (e-ID).
6. Einteilung von Drohnen in Klassen – C0 bis C4.
7. Einteilung in Anwendungsszenarien – ***Offen***, ***Speziell*** und ***Zulassungspflichtig***.

7.4 Was gilt es für Fernpiloten zu beachten?

Es gibt drei Betriebskategorien, in die Operationen von Fernpiloten eingeordnet werden: ***Offen***, ***Speziell*** und ***Zulassungspflichtig***. Die Kategorie ***Offen*** untergliedert sich in die Bereiche A1, A2 und A3, die Kategorie ***Speziell*** in sechs sogenannte SAIL (***Specific Assurance Integrity Level***) als Unterkategorien. Dies sind Risikostufen gemäß SORA (***Specific Operational Risk Assessment)*** zur Ermittlung der Gegenmaßnahmen. SAIL I beinhaltet die geringste Risikostufe, SAIL VI dagegen die höchste.

ZULASSUNGSPFLICHTIG

- Betriebserlaubnis nötig
- Zulassungskriterien nahe an bemannter Luftfahrt

SPEZIELL

SAIL I - VI

- Betriebserlaubnis nötig
- SORA-Risikobewertung
- Betrieb außer Sichtweite möglich

OFFEN

A1-A3

- Keine Erlaubnis notwendig
- Nicht über Menschenansammlungen
- Max. 120m Höhe
- Betrieb in Sichtweite

▲ *Die drei Betriebskategorien, in die künftig Drohneneinsätze eingeordnet werden.*

Während für die ***Offen***-Unterkategorien A1 und A3 der Kompetenznachweis A1/A3 ausreicht, ist für A2 und ***Speziell*** das Fernpilotenzeugnis A2 erforderlich.

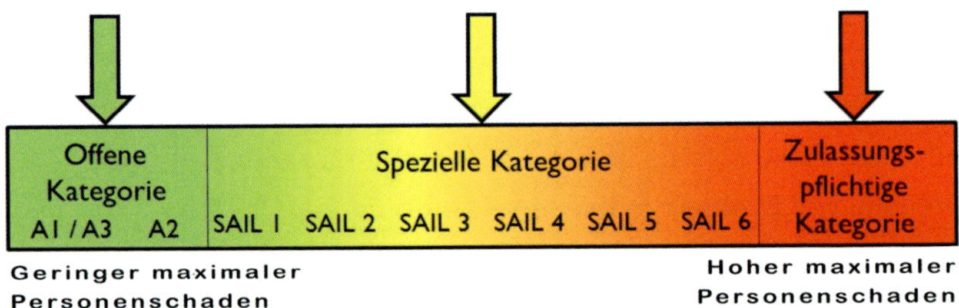

▲ *Die Grafik veranschaulicht die Risikobewertung eines Drohneneinsatzes. Sie reicht von einem geringen maximalen Personenschaden in A1 (links) bis zu einem hohen maximalen Personenschaden unter* ***Zulassungspflichtig*** *(rechts). Je weiter es nach rechts ins Rote geht, desto aufwendiger und umfangreicher ist eine Zulassung.*

Auch für Drohnen selbst gibt es eine gravierende Veränderung. Drohnen, die ab 2023 auf den Markt kommen werden, müssen sich spätestens dann einer CE-Zertifizierung unterziehen. Alle Drohnen, die bis dahin auf dem Markt sind beziehungsweise noch auf den Markt kommen, gelten als „Bestandsdrohnen“ und

<table>
<tr><th></th><th>Drohnen-klassen</th><th>Maximale Flughöhe</th><th>Flüge in der Nähe von Menschen</th><th>Mindestalter des Piloten</th><th>Haftpflicht-versicherung</th><th>Registrie-rung (LBA)</th><th>Schulungspflicht/ Kompetenznachweis</th></tr>
<tr><td rowspan="4">A1</td><td>C0</td><td rowspan="8">120 m</td><td rowspan="2">über einzelne Personen erlaubt</td><td rowspan="9">16 Jahre</td><td rowspan="9">Ja</td><td rowspan="9">Ja</td><td rowspan="2">Nein</td></tr>
<tr><td>Gewicht
< 250 g
Vmax 19 m/s
mit Kamera</td></tr>
<tr><td>C1</td><td rowspan="2">über unbeteiligte Personen vermeiden</td><td rowspan="7">Ja</td></tr>
<tr><td>Gewicht
< 900 g
Vmax 19 m/s</td></tr>
<tr><td rowspan="2">A2</td><td>C2</td><td rowspan="2">in der Nähe von Personen (30 m oder 5 m im Low-Speed-Modus)</td></tr>
<tr><td>Gewicht < 4 kg</td></tr>
<tr><td rowspan="2">A3</td><td>C3</td><td rowspan="2">weit weg von Personen (150 m)</td></tr>
<tr><td>Gewicht
< 25 kg</td></tr>
<tr><td colspan="2">Spezielle Kategorie</td><td colspan="2">Flug in vorgegebenem Szenario oder mit spezieller Genehmigung</td></tr>
</table>

	Drohnenklassen	Maximale Flughöhe	Flüge in der Nähe von Menschen	Mindestalter des Piloten	Haftpflicht-versicherung	Registrierung (LBA)	Schulungspflicht/ Kompetenznachweis
A1	Gewicht < 250 g Vmax 19 m/s mit Kamera	120 m	über einzelne Personen erlaubt	16 Jahre	Ja	Ja	Nein
	Gewicht > 250 g bis < 500 g		über unbeteiligte Personen vermeiden				
A2	Gewicht > 500 g bis < 2 kg		Mindestabstand zu Personen (50 m)				Ja
A3	Gewicht > 500 g bis < 2 kg		weit weg von Personen				Ja
	Gewicht < 25 kg						
	Ab 01.01.2023: für alle Drohnen > 250 g und < 25 kg ohne CE-Klassenzertifizierung		150 m Abstand zu Wohn-, Gewerbe-, Industrie- und Erholungsgebieten				

müssen gegebenenfalls nachzertifiziert werden. Die Tabelle links gilt für Drohnen mit einer CE-Klassenkennzeichnung C0 bis C4 im Bereich der Kategorie *Offen*.

Für alle Drohnen ohne CE-Klassenkennzeichnung (Bestandsdrohnen) gilt bis voraussichtlich 31. Dezember 2022 Folgendes:

Diese beiden Tabellen oben dienen nur der Information und beinhalten keine rechtliche Referenz. Vor einem Start sollten alle aktuell geltenden Vorschriften mit den jeweiligen Angaben auf der LBA- und/oder der EASA-Website (*European Union Aviation Safety Agency*) nochmals abgeglichen werden.

Haftpflichtversicherung

Hier hat sich nichts geändert! Jeder, der eine Drohne in den Luftraum bringt und dort fliegen möchte, ist verpflichtet, vorab eine Haftpflichtversicherung für den Einsatz von Drohnen abzuschließen. In der Regel sind Drohneneinsätze nicht über die private Haftpflichtversicherung abgedeckt! Eine Übersicht zu Drohnenversicherungen findet sich im Buch auf Seite 116.

Registrierungspflicht

Seit Anfang 2021 muss sich jeder beim Luftfahrtbundesamt (LBA) registrieren, der ein unbemanntes Fluggerät (UAS) mit einer Startmasse von 250 Gramm und mehr betreiben will. Eine Registrierungspflicht für UAS-Betreiber besteht auch für UAS von weniger als 250 Gramm Startmasse, wenn das UAS mit einem Sensor zur Erfassung personenbezogener Daten, beispielsweise einer Kamera, ausgestattet ist.

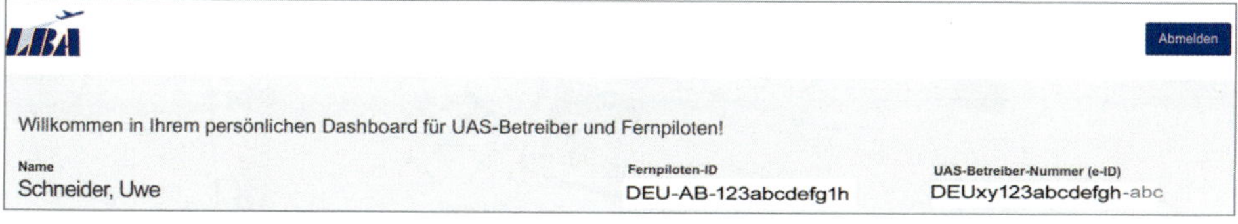

▲ *Dargestellt ist hier der obere Bereich im persönlichen Dashboard für UAS-Betreiber und Fernpiloten. Neben dem Namen finden sich dort auch die Fernpiloten-ID und die UAS-Betreiber-Nummer (e-ID), die in zwei Bereiche geteilt ist.*

Nach der Registrierung erhält jeder UAS-Betreiber eine eindeutige elektronische Registrierungsnummer, die UAS-Betreiber-Nummer (e-ID), die an jedem UAS anzubringen ist. Ein UAS-Betreiber kann unter seiner eID mehrere UAS betreiben.

Bisher war die Registrierung kostenlos, nun ist auf der LBA-Website zu lesen, dass die Registrierung für natürliche Personen 20 beziehungsweise juristische Personen 50 Euro kostet. Für Luftsportverbände kostet sie pro durch den jeweiligen Verband registriertes Mitglied 5 Euro.

Die UAS-Betreiber-Registrierung kann unter nachfolgendem Link erfolgen:
http://uas-registration.lba-openuav.de

Die UAS-Betreiber-Nummer, kurz e-ID, besteht aus zwei durch einen Bindestrich getrennten Teilen. Auf dem UAS selbst ist nur der erste Teil der e-ID anzubringen, die letzten drei Zeichen einschließlich des Bindestrichs dürfen weder am UAS noch auf anderen Dokumenten ausgewiesen werden.

Die vollständige e-ID ist für das Programmieren von UAS oder entsprechend mitgeführter Geräte bestimmt, die beispielsweise der Fernidentifikation des UAS dienen. Die letzten drei Stellen sind daher ein Sicherheitsmerkmal, das nicht jedermann zugänglich sein darf.

Drohnenführerschein

Nach der geltenden EU-Drohnenverordnung gibt es zwei Führerscheine, die EU-weit ihre Gültigkeit haben.

▲ *Der Kompetenzausweis A1/A3 (links) und das Fernpilotenzeugnis A2 sind die neuen Drohnenführerscheine für die Fernpiloten.*

Kompetenznachweis A1/A3

Die Basis ist der „kleine Drohnenführerschein“ als Kompetenznachweis A1/A3. Der Kompetenznachweis vermittelt allgemeine Kenntnisse inklusive der rechtlichen Rahmenbedingungen. Training und Prüfung zum Kompetenznachweis A1/A3 können über das Portal des LBA online absolviert werden.

Das Portal ist unter folgendem Link erreichbar: ***http://www.lba-openuav.de***

Zu Beginn der EU-Führerscheinregelung war die Prüfung zum Kompetenznachweis noch gebührenfrei. Nun ist nur der Zugang zum Portal sowie zum Onlinetraining kostenfrei. Für die Abnahme der Onlineprüfung und die Ausstellung eines EU-Kompetenznachweises A1/A3 erhebt das LBA eine Gebühr in Höhe von 25 Euro.

Das Training umfasst vier Module. Mithilfe von Texten und Videos werden die einzuhaltenden Regeln, Anforderungen und Vorgehensweisen sowie weitere wichtige Aspekte des UAS-Betriebs erklärt. Um sich für eine Onlineprüfung zu qualifizieren, muss eine Trainingsprüfung absolviert werden.

Wenn mindestens 75 Prozent der Aufgaben korrekt abgeschlossen wurden, kann man sich für die Onlineprüfung registrieren. Für die Registrierung ist die Angabe der persönlichen Daten notwendig, um den Kompetenznachweis auch eindeutig dem Fernpiloten – also dem Prüfling – zuordnen zu können.

In der Onlineprüfung sind binnen 45 Minuten 40 Multiple-Choice-Aufgaben zu lösen. Sind davon wiederum 75 Prozent richtig, gilt die Prüfung als bestanden. Der Kompetenzausweis wird dann elektronisch ausgestellt und als PDF-Datei per Mail oder als Download im Prüfungsportal zur Verfügung gestellt. Verbunden mit diesem Kompetenznachweis bekommt der Prüfling auch eine eindeutige auf ihn personalisierte Fernpiloten-ID übertragen. Diese sollte nicht mit der UAS-Betreiber-Nummer (e-ID) verwechselt werden (siehe oben).

Mit dem Kompetenznachweis kann in der Unterkategorie A1 im städtischen Raum und in der Unterkategorie A3 außerhalb von bewohnten Gebieten geflogen werden. Der EU-Kompetenznachweis muss entweder auf einem elektronischen Gerät (z. B. dem Handy) oder ausgedruckt im DIN-A4-Format beziehungsweise im Scheckkartenformat beim Betrieb einer Drohne mitgeführt werden. Zusätzlich muss man zur Identifizierung einen Lichtbildausweis dabeihaben.

Fernpilotenzeugnis A2

Das Fernpilotenzeugnis A2 bietet mehr Möglichkeiten, urban zu fliegen. Für Nutzer von Bestandsdrohnen ist der „A2-Führerschein“ eigentlich fast unumgänglich, wenn in sensiblen Bereichen geflogen werden soll.

Wer den A2 machen möchte, muss vorher zwingend erst den Kompetenznachweis A1/A3 bestanden haben. Für den A2-Prüfungsprozess findet sich auf der Website des LBA unter diesem Link ***http://www.lba.de/DE/Drohnen/Pruefstellen_PStF/Liste_der_benannten_Pruefstellen_node.html*** eine Liste von Ausbildungsstellen, die aktuell den Prüfungsprozess im Auftrag des LBA durchführen dürfen.

Das EU-Fernpilotenzeugnis muss entweder auf einem elektronischen Gerät (z. B. dem Handy) oder ausgedruckt im DIN-A4-Format beziehungsweise im Scheckkartenformat beim Betrieb einer Drohne mitgeführt werden. Zusätzlich muss man zur Identifizierung einen Lichtbildausweis dabeihaben.

Ab 2022 müssen Fernpiloten mit dem alten Drohnenführerschein und dann nicht mehr geltenden bisher ausgestellter Allgemein Erlaubnisse oder Allgemeinverfügungen (AE/AV) mit Drohnen über 500 Gramm und wenn unbeteiligte Menschen unter 50 Metern sich einer Drohne annähern eine Betriebsgenehmigung in der Katego-

Übersicht über die Übergangsbestimmungen in der Betriebskategorie „Offen“ für CE-Drohnen …

… die konform zur Deleg. VO (EU) 2019/945 oder privat hergestellt wurden	C0 oder privat hergestellt (MTOM < 250 g, VMAX < 19 m/s)	C1	C2	C2, C3, C4 oder privat hergestellt
Betriebsbedingungen	A1		A2	A3
Notwendiger Kompetenznachweis (EU-KN), Befristung, Rechtsgrundlage	nicht erforderlich	nationaler Kenntnisnachweis gem. § 21a Abs. 4 S. 3 Nr. 2 (nur bis 01.01.2022) EU-KN A1/A3	nationaler Kenntnisnachweis gem. § 21a Abs. 4 S. 3 Nr. 2 (nur bis 01.01.2022) EU-KN A2	nationaler Kenntnisnachweis gem. § 21a Abs. 4 S. 3 Nr. 2 (nur bis 01.01.2022) EU-KN A1/A3

Übersicht über die Übergangsbestimmungen in der Betriebskategorie „Offen“ für Drohnen ...				
... die nicht konform zur Deleg. VO (EU) 2019/945 vor dem 1. Januar 2023 in Verkehr gebracht und nicht privat hergestellt wurden	x < 250 g	250 g < x < 500 g	500 g < x < 2 kg	250 g < x < 25 kg
Betriebsbedingungen	A1		50 m Abstand zu Menschen	A3
Notwendiger Kompetenznachweis (EU-KN), Befristung, Rechtsgrundlage	nicht erforderlich	nicht erforderlich (nur bis 31.12.2022)	nationaler Kenntnisnachweis gem. § 21a Abs. 4 S. 3 Nr. 2 + EU-KN A1/A3 + Selbsterklärung prakt. Kenntnisse (nur bis 31.12.2022)	nationaler Kenntnisnachweis gem. § 21a Abs. 4 S. 3 Nr. 2 (nur bis 31.12.2022)
			EU-KN A2 (nur bis 31.12.2022)	EU-KN A1/A3

rie ***Speziell*** beantragen. Dies betrifft beispielsweise einen Dachdecker bei seiner Inspektion nahe an Gebäuden ebenso wie nahezu alle Filmemacher in vielen Einsatzszenarios.

Die Beantragung einer Betriebsgenehmigung in der Kategorie ***Speziell*** ist aufwendig, und je nach Risikoeinschätzung kann es hier aufgrund von Gebührenberechnungen gegebenenfalls auch teuer werden. Mehr dazu später im Detail im Abschnitt „Die Betriebskategorien im Detail“.

7.5 Die Betriebskategorien im Detail

Künftig gibt es drei Kategorien, in die Operationen von Fernpiloten eingeordnet werden: ***Offen***, ***Speziell*** und ***Zulassungspflichtig***.

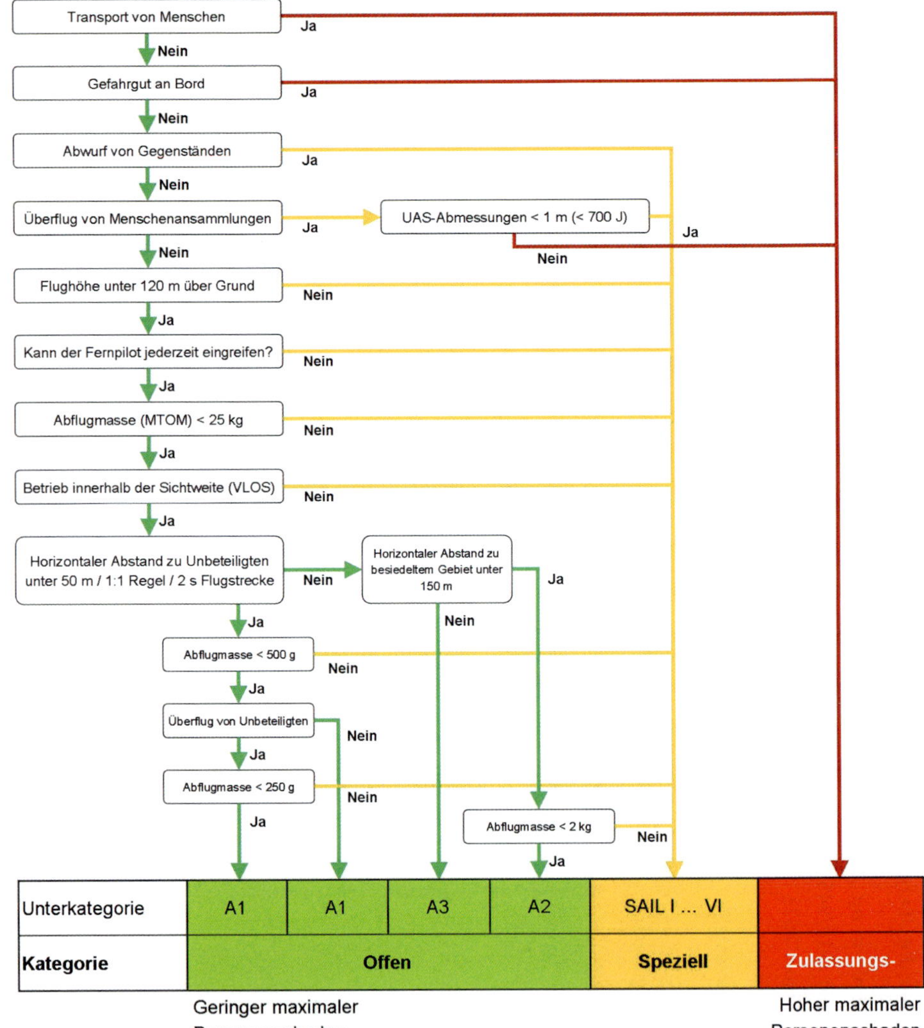

▲ *Das Flussdiagramm veranschaulicht, wie ein Fernpilot seinen geplanten Einsatz einzuordnen hat und welche Regeln anzuwenden sind. (Quelle: LBA)*

Die neue EU-Verordnung 2019/947 im tabellarischen Überblick:

Kategorie	Offen				Speziell	Zulassungspflichtig
Unterkategorie	A1 (Überflug)	A1	A3	A2 (limited)	SAIL I bis VI	
Kompetenznachweis/Fernpilotenlizenz	A1/A3			A2	entsprechend A2 oder höher	RePL (Remote Pilot License)
Neben der Betreiberregistrierung wird gefordert:	Einhaltung der Regeln in eigener Verantwortung				Betriebsgenehmigung der zuständigen Behörde. Die Voraussetzung ist ein detailliertes Betriebshandbuch auf Grundlage einer Risikoanalyse nach EASA-SORA.	Betriebszertifizierung der EASA unter Einhaltung sämtlicher Luftfahrtnormen und Standards.
… sowie die Einhaltung nationaler Vorschriften	Einhaltung des § 21h der LuftVO (geografische Gebiete)*					

* *Ausnahmen in Bezug auf den § 21h der LuftVO können nur durch die zuständigen Landesluftfahrtbehörden des geografischen Gebiets erteilt werden. Dies gilt für alle Kategorien.*

§ 21h der LuftVO

Regelungen für den Betrieb von unbemannten Fluggeräten in geografischen Gebieten nach DVO (ZU) 2019/947

(1) Die Benutzung des Luftraums durch unbemannte Fluggeräte ist frei, soweit sie nicht durch das Luftverkehrsgesetz, durch die zu seiner Durchführung erlassenen Rechtsvorschriften, durch im Inland anwendbares internationales Recht, durch Rechtsakte der Europäischen Union und die zu deren Durchführung erlassenen Rechtsvorschriften beschränkt wird.

(2) Der Betrieb von unbemannten Fluggeräten in den Betriebskategorien „offen" und „speziell" nach den Artikeln 4 und 5 in Verbindung mit den Artikeln 12 und 13 der Durchführungsverordnung (EU) 2019/947 in geografischen Gebieten im Sinne des Artikels 15 Absatz 1 der Durchführungsverordnung (EU) 2019/947 bestimmt sich nach den in den Absätzen 3 bis 7 getroffenen Regelungen.

(3) Der Betrieb in den nachfolgenden geografischen Gebieten ist unter folgenden Voraussetzungen zulässig:

1. über und innerhalb eines seitlichen Abstands von 1,5 Kilometern von der Begrenzung von Flugplätzen, die keine Flughäfen sind, wenn der Betrieb in der „speziellen" Kategorie stattfindet oder die Zustimmung der Luftaufsichtsstelle, der Flugleitung oder des Betreibers am Flugplatz eingeholt worden ist,
2. über und innerhalb eines seitlichen Abstands von 1.000 Metern von der Begrenzung von Flughäfen sowie innerhalb einer seitlichen Entfernung von weniger als 1.000 Metern aller in beide An- und Abflugrichtungen um jeweils fünf Kilometer verlängerten Bahnmittellinien von Flughäfen, wenn der Betrieb in der „speziellen" Kategorie stattfindet,
3. über und innerhalb eines seitlichen Abstands von 100 Metern von der Begrenzung von Industrieanlagen, Justizvollzugsanstalten, Einrichtungen des Maßregelvollzugs, militärischen Anlagen und Organisationen, Anlagen der zentralen Energieerzeugung und Energieverteilung sowie Einrichtungen, in denen erlaubnisbedürftige Tätigkeiten der Schutzstufe 4 nach der Biostoffverordnung ausgeübt werden, wenn die zuständige Stelle oder der Betreiber der Einrichtungen dem Betrieb des unbemannten Fluggerätes ausdrücklich zugestimmt hat. Anlagen der zentralen Energieerzeugung sind all diejenigen an das Verteilernetz angeschlossenen Energieerzeugungsanlagen, die keine dezentrale Erzeugungsanlage im Sinne des § 3 Nummer 11 des Energiewirtschaftsgesetzes sind,
4. über und innerhalb eines seitlichen Abstands von 100 Metern von Grundstücken, auf denen die Verfassungsorgane des Bundes oder der Länder oder oberste und obere Bundes- oder Landesbehörden oder diplomatische und konsularische Vertretungen sowie internationale Organisationen im Sinne des Völkerrechts ihren Sitz haben, sowie von Liegenschaften von Polizei und anderen Sicherheitsbehörden, wenn die zuständige Stelle oder der Betreiber der Einrichtungen dem Betrieb des unbemannten Fluggerätes ausdrücklich zugestimmt hat,

5. über und innerhalb eines seitlichen Abstands von 100 Metern von Bundesfernstraßen, Bundeswasserstraßen und Bahnanlagen,

   a) wenn im Fall eines Überflugs von Bundesfernstraßen oder Bahnanlagen der Betrieb in der „speziellen" Kategorie stattfindet und die besonderen Gefahren des Überflugs von Bundesfernstraßen oder Bahnanlagen innerhalb der Risikobewertung nach Artikel 11 der Durchführungsverordnung (EU) 2019/947 ausreichend berücksichtigt wurden,

   b) wenn die zuständige Stelle oder der Betreiber der Einrichtungen dem Betrieb des unbemannten Fluggerätes ausdrücklich zugestimmt hat,

   c) wenn die Höhe des Fluggerätes über Grund stets kleiner ist als der seitliche Abstand zur Infrastruktur und der seitliche Abstand zur Infrastruktur stets größer als 10 Meter ist oder

   d) wenn im Fall eines Überflugs von Bundeswasserstraßen das Fluggerät mindestens 100 Meter über Grund oder Wasser betrieben wird, lediglich eine Querung auf dem kürzesten Weg erfolgt und keine Schiffe und keine Schifffahrtsanlagen, insbesondere Schleusen, Wehre, Schiffshebewerke und Liegestellen, überflogen werden,

6. über Naturschutzgebieten im Sinne des § 23 Absatz 1 des Bundesnaturschutzgesetzes, über Nationalparks im Sinne des § 24 des Bundesnaturschutzgesetzes und über Gebieten im Sinne des § 7 Absatz 1 Nummer 6 und 7 des Bundesnaturschutzgesetzes, wenn die zuständige Naturschutzbehörde dem Betrieb ausdrücklich zugestimmt hat, der Betrieb von unbemannten Fluggeräten in diesen Gebieten nach landesrechtlichen Vorschriften abweichend geregelt ist oder, mit Ausnahme von Nationalparks,

   a) wenn der Betrieb nicht zu Zwecken des Sports oder der Freizeitgestaltung erfolgt,

   b) wenn der Betrieb in einer Höhe von mehr als 100 Metern stattfindet,

   c) wenn der Fernpilot den Schutzzweck des betroffenen Schutzgebietes kennt und diesen in angemessener Weise berücksichtigt und

   d) wenn die Luftraumnutzung durch den Überflug über dem betroffenen Schutzgebiet zur Erfüllung des Zwecks für den Betrieb unumgänglich erforderlich ist,

7. über Wohngrundstücken, wenn

   a) der durch den Betrieb über dem jeweiligen Wohngrundstück in seinen Rechten betroffene Eigentümer oder sonstige Nutzungsberechtigte dem Überflug ausdrücklich zugestimmt hat oder

   b) die Startmasse des unbemannten Fluggerätes bis zu 0,25 Kilogramm beträgt und das unbemannte Fluggerät und seine Ausrüstung zu optischen und akustischen Aufzeichnungen und Übertragungen sowie zur Aufzeichnung und zur Übertragung von Funksignalen Dritter nicht in der Lage sind oder

c) der Betrieb in einer Flughöhe von mindestens 100 Metern stattfindet und

   aa) die Luftraumnutzung über dem betroffenen Wohngrundstück zur Erfüllung eines berechtigten Betriebszwecks erforderlich ist, öffentliche Flächen oder Grundstücke, die keine Wohngrundstücke sind, für den Überflug nicht genutzt werden können und die Zustimmung des Grundstückseigentümers oder sonstigen Nutzungsberechtigten nicht in zumutbarer Weise eingeholt werden kann,

   bb) alle Vorkehrungen getroffen werden, um einen Eingriff in den geschützten Privatbereich und in das Recht auf informationelle Selbstbestimmung der betroffenen Bürger zu vermeiden; dazu zählt insbesondere, dass in ihren Rechten Betroffene regelmäßig vorab zu informieren sind,

   cc) der Betrieb nicht zwischen 22:00 Uhr und 6:00 Uhr Ortszeit stattfindet und

   dd) nicht zu erwarten ist, dass durch den Betrieb Immissionsrichtwerte nach Nummer 6.1 der Technischen Anleitung zum Schutz gegen Lärm überschritten werden,

8. über Freibädern, Badestränden und ähnlichen Einrichtungen außerhalb der Betriebs- oder Badezeiten,
9. in Kontrollzonen, wenn eine Flugverkehrskontrollfreigabe nach § 21 eingeholt wurde,
10. über und innerhalb eines seitlichen Abstands von 100 Metern von der Begrenzung von Krankenhäusern, wenn der Betreiber der Einrichtungen dem Betrieb des unbemannten Fluggerätes ausdrücklich zugestimmt hat,
11. über und innerhalb eines seitlichen Abstands von 100 Metern von Unfallorten und Einsatzorten von Behörden und Organisationen mit Sicherheitsaufgaben sowie über mobilen Einrichtungen und Truppen der Streitkräfte im Rahmen angemeldeter Manöver und Übungen, wenn der zuständige Einsatzleiter dem Betrieb zustimmt.

(4) Über die in Absatz 3 genannten Regelungen hinaus kann das Bundesministerium für Verkehr und digitale Infrastruktur oder eine von ihm bestimmte Bundesbehörde weitere geografische Gebiete nach Artikel 15 Absatz 1 und 2 der Durchführungsverordnung (EU) 2019/947 festlegen und Einzelheiten zum Betrieb der unbemannten Fluggeräte bestimmen. Satz 1 gilt auch für die Einrichtung von U-Space-Lufträumen nach der Durchführungsverordnung (EU) 2021/664 der Kommission vom 22. April 2021 über einen Rechtsrahmen für den U-Space (ABl. L 139 vom 23.4.2021, S. 161).

(5) Das Bundesministerium für Verkehr und digitale Infrastruktur evaluiert gemeinsam mit dem Bundesministerium für Umwelt, Naturschutz und nukleare Sicherheit die in Absatz 3 Nummer 6 und 7 enthaltenen Bestimmungen für den Betrieb von unbemannten Fluggeräten in entsprechend geschützten Gebieten, insbesondere mit Blick auf den Lärmschutz sowie die Stör- und Scheuchwirkung auf Tiere über einen Zeitraum von zwei Jahren ab dem 18. Juni 2021 und danach alle vier Jahre. Das Bundesministerium für Verkehr und digitale Infrastruktur prüft gemeinsam mit dem Bundesministerium für Umwelt, Naturschutz und nukleare Sicherheit einen Anpassungsbedarf dieser Verordnung.

(6) Das Bundesministerium für Verkehr und digitale Infrastruktur evaluiert gemeinsam mit dem Bundesministerium der Justiz und für Verbraucherschutz die in Absatz 3 Nummer 7, 8 und 11 enthaltenen Bestimmungen für den Betrieb von unbemannten Fluggeräten in entsprechend geschützten Gebieten, insbesondere mit Blick auf den Schutz der durch den Betrieb in ihren Rechten betroffenen privaten Rechtsträger über einen Zeitraum von zwei Jahren ab dem 18. Juni 2021.

(7) Das Bundesministerium für Verkehr und digitale Infrastruktur evaluiert die in Absatz 3 enthaltenen Bestimmungen für den Betrieb von unbemannten Fluggeräten, insbesondere mit Blick auf wirtschaftliche und gesellschaftliche Aspekte über einen Zeitraum von zwei Jahren ab dem 18. Juni 2021.

Kategorie Offen: A1 bis A3

Die offene Kategorie unterteilt sich in die drei Unterkategorien A1, A2 und A3. In allen diesen Unterkategorien kann der Betrieb ohne Erlaubnis stattfinden, und man benötigt keine Zustimmung der zuständigen Luftfahrtbehörde. Sollte ein Betrieb nicht kompatibel mit den Anforderungen der jeweiligen Kategorie sein, wird eine Betriebserlaubnis notwendig, und der Betrieb fällt dann in die Kategorie *Speziell*. Dies wäre unter anderem der Fall, wenn das MTOM (das maximale Abfluggewicht, *Maximum Take Off Mass*) des UAS zu groß ist.

Unterkategorie	UAS-Klasse	Erlaubter Betriebsbereich	Qualifikation
A1 Nahe Menschen	C0 < 250 g	Überflug unbeteiligter Personen	keine
	C1 < 900 g	Kein Überflug unbeteiligter Personen	Online-Training & Online-Prüfung
A2 Sichere Distanz zu Menschen	C2 < 4 kg	30 m / 5 m Sicherheitsabstand zu unbeteiligten Personen	Online-Training & Online-Prüfung Praktische Selbstschulung Theorieprüfung vor Ort
A3 Weit von Menschen entfernt	C3 < 25 kg	Keine unbeteiligten Personen gefährden – 150 m Sicherheitsabstand	Online-Training & Online-Prüfung
	C4 < 25 kg		

▲ *Die Grafik zeigt, was in den Unterkategorien A1 bis A3 künftig erlaubt ist und wie es erlaubt ist. (Quelle: LBA)*

Regeln, die für alle Unterkategorien gelten:

1. Maximale Flughöhe 120 Meter. Bei baulichen Hindernissen, die höher als 105 Meter sind, kann mit Eigentümerzustimmung der Betrieb in maximal 15 Metern über dem Hindernis stattfinden.
2. Betrieb nur in Sichtweite.
3. Kein Betrieb über Menschenansammlungen.
4. MTOM (*Maximum Take Off Mass*) gleich Höchstabflugmasse.
5. Kein Transport gefährlicher Stoffe.
6. Kein Abwurf von Gegenständen.

7. Fernidentifizierung aktualisiert und angeschaltet (außer UAS-Klasse C4, Eigenbauten und Bestandsdrohnen < 250 g).

In der Unterkategorie A1 können UAS der Klassen C0 und C1 erlaubnisfrei betrieben werden. Gleiches gilt übergangsweise auch für Bestandsdrohnen unter 500 Gramm Gewicht.

1. UAS der Klasse C0, Eigenbauten (jeweils < 250 g) und Bestandsdrohnen (jeweils < 500 g): Mit entsprechenden UAS ist der Überflug unbeteiligter Personen möglich, sollte aber auf ein Minimum beschränkt werden. Unbeteiligte Personen sind solche Personen, die nicht an dem UAS-Betrieb teilnehmen und nicht in die Gefahren, Sicherheitsverfahren und Verhaltensweisen eingewiesen wurden. Luftraumbeobachter oder Hilfspersonen sind beispielsweise beteiligte Personen. Fernpiloten müssen in dieser Kategorie beim Betrieb von C0-UAS die Betriebsanleitung des Geräts kennen. Beim Betrieb von Bestandsdrohnen unter 500 Gramm sind keine Qualifikationen erforderlich.
2. UAS der Klasse C1 (< 900 g): UAS der Klasse C1 dürfen keine unbeteiligten Personen überfliegen. Fernpiloten müssen ein Onlinetraining und eine Onlineprüfung beim Luftfahrtbundesamt absolvieren (KN-A1/A3). Alternativ kann übergangsweise der nationale Kenntnisnachweis einer anerkannten Stelle genutzt werden.

Weitere Anforderungen hinsichtlich des Betriebs der Klassen C0 und C1 sind unter UAS.OPEN.020 der DVO (EU) 2019/947 zu finden, die technischen Anforderungen sind in Teil 1 und Teil 2 des Anhangs der delegierten Verordnung (EU) 2019/945 nachzulesen.

In der Unterkategorie A2 können UAS der Klasse C2 (< 4 Kilogramm) und Bestandsdrohnen bis 2 Kilogramm Abflugmasse erlaubnisfrei betrieben werden. Es dürfen auch hier keine unbeteiligten Personen überflogen werden, und es muss zusätzlich ein Mindestabstand von 30 Metern zu unbeteiligten Personen eingehalten werden. Verfügt das UAS über einen Langsamflugmodus und dieser ist aktiviert, kann der Abstand auf bis zu 5 Meter verringert werden. Hierbei soll die 1:1-Regel angewendet werden (Abstand >= Höhe). Für Bestands-UAS gilt ein genereller Abstand von 50 Metern, der nicht unterschritten werden darf.

Neben der Qualifikation der Unterkategorie A1 müssen Fernpiloten zusätzlich eine praktische Prüfung bei einer anerkannten Prüfstelle absolvieren (KN-A2) und ein praktisches Selbststudium mit anschließender Selbsterklärung der praktischen Kenntnisse durchführen. Alternativ kann übergangsweise der nationale

Kenntnisnachweis einer anerkannten Stelle in Verbindung mit dem KN-A1/A3 und dem praktischen Selbststudium/der Selbsterklärung genutzt werden. Ab 2022 gilt dies allerdings nicht mehr!

Weitere Anforderungen hinsichtlich des Betriebs der Klasse C2 sind unter UAS. OPEN.030 der DVO (EU) 2019/947 zu finden, die technischen Anforderungen sind in Teil 3 des Anhangs der delegierten Verordnung (EU) 2019/945 nachzulesen.

In der Unterkategorie A3 können UAS der Klasse C3 und C4 sowie Eigenbauten und Bestandsdrohnen bis 25 Kilogramm betrieben werden. In dieser Kategorie müssen Fernpiloten dafür Sorge tragen, dass sich keine unbeteiligten Personen im Betriebsraum aufhalten. Hierfür ist ein Abstand von mindestens 150 Metern zu Wohn-, Gewerbe, Industrie- und Erholungsgebieten einzuhalten. Als Qualifikation wird hier lediglich der KN-A1/A3 benötigt, da kein Betrieb in unmittelbarer Nähe zu Personen stattfindet.

Weitere Anforderungen hinsichtlich des Betriebs der Klassen C3 und C4 sind unter UAS.OPEN.040 der DVO (EU) 2019/947 zu finden, die technischen Anforderungen sind in Teil 4 und 5 des Anhangs der delegierten Verordnung (EU) 2019/945 nachzulesen.

Da es aktuell noch keine UAS gibt, die den zuvor genannten Klassen entsprechen beziehungsweise die eine Klassifizierung erhalten haben, sind die Übergangsbestimmungen der Artikel 20 und 22 der VO (EU) 2019/947 anzuwenden. Hiernach werden Bestandsdrohnen wie folgt in die Unterkategorien eingeordnet:

Bis 31.12.2022

- A1: UAS mit einem MTOM von 500 g
- A2 limited (mind. 50 m Abstand zu unbeteiligten Dritten): UAS mit einem MTOM von über 500 g bis 2 kg
- A3: UAS mit einem MTOM über 2 kg
- Ab 01.01.2023
- A1: UAS mit einem MTOM unter 250 g
- A3: UAS mit einem MTOM über 250 g

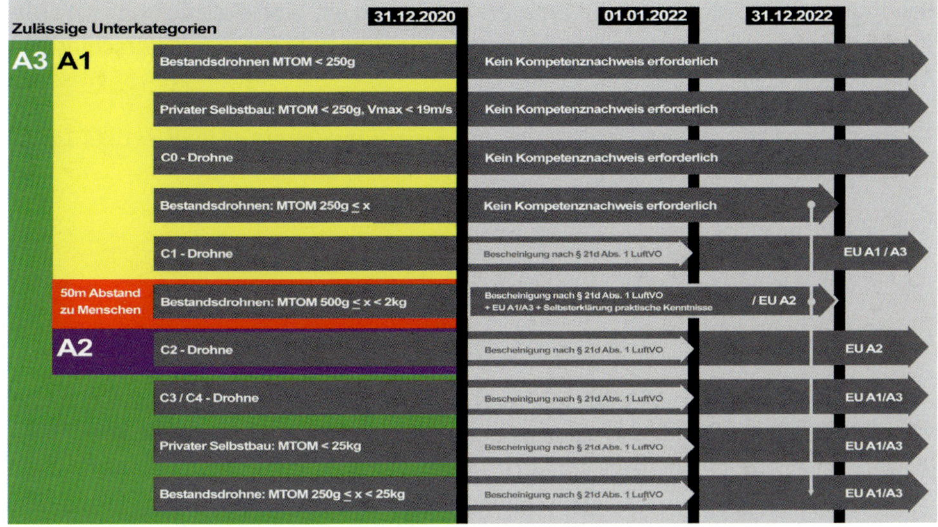

▲ *Die Grafik veranschaulicht, mit welchem Führerschein über 31.12.2022 was in der Kategorie **Offen** wo geflogen werden darf.*

Kategorie Speziell

In der speziellen Kategorie können Betriebe und Einsätze realisiert werden, die nicht mit der offenen Kategorie kompatibel sind. Dies ist der Fall, wenn beispielsweise

1. ein UAS schwerer ist, als in der jeweiligen Unterkategorie A1 bis A3 erlaubt,
2. ein UAS keine CE-Kennzeichnung hat,
3. eine Bestandsdrohne über 2 Kilogramm in der Unterkategorie A2 betrieben werden soll,
4. der Abstand zu unbeteiligten Personen unterschritten werden soll,
5. der Betrieb in mehr als 120 Metern Höhe stattfinden soll,
6. der Betrieb außerhalb der Sichtweite stattfinden soll,
7. das UAS über 25 Kilogramm MTOM hat und
8. die vom Betrieb ausgehenden Gefahren zu groß für die Kategorie ***Offen*** sind.

Um in der speziellen Kategorie agieren zu können, ist eine Beteiligung von Luftfahrtbehörden unausweichlich. Es gibt drei Möglichkeiten und verschiedene Anlaufstellen:

1. Betriebserlaubnis auf Grundlage einer Risikobewertung gemäß Artikel 11 VO (EU) 2019/947 (SORA oder PDRA)
2. Nutzung eines Standardszenarios
3. Betreiberzeugnis (LUC)

Betriebserlaubnis

Die Betriebserlaubnis gemäß Artikel 12 VO (EU) 2019/947 wird in der Regel von den Landesluftfahrtbehörden erteilt und basiert auf einer Risikobewertung gemäß Artikel 11. Diese Risikobewertung richtet sich gemäß AMC-Material nach den Kriterien einer SORA-Risikobewertung.

Nach Erstellung eines Betriebskonzepts (ConOps) sind die Risiken am Boden und in der Luft zu bewerten und entsprechende Maßnahmen nach SORA-Anhang umzusetzen. Die Anforderungen steigen analog zu dem vom Betrieb ausgehenden Risiko von Selbsterklärungen bis hin zu Fachgutachten. Bei der Ermittlung sollte durch geeignete Maßnahmen ein möglichst geringes Risikolevel (SAIL) erreicht werden, beispielsweise durch Absperrungen, gesicherte Bereiche und durch Fallschirmsysteme.

Für bestimmte Betriebe werden in Zukunft vorgefertigte Risikobewertungen verfügbar sein – ***Pre-defined-Risk-Assessment***, kurz PDRA. Die Nutzung von PDRA kann für UAS-Betreiber zu einer Entlastung von Bürokratie führen. Allerdings sind aktuell noch keine PDRAs verfügbar.

Für gewisse Einsätze werden von der EASA Standardszenarien entwickelt. Sofern man über ein UAS verfügt, das den Anforderungen genügt, kann man eine Erklärung zur Nutzung des jeweiligen Szenarios abgeben. Die Bearbeitung erfolgt beim Luftfahrtbundesamt.

Eine weitere Möglichkeit zum Betrieb in der speziellen Kategorie stellt das Betreiberzeugnis für Leicht-UAS (LUC) dar. Sofern ein Betrieb bundes- oder europaweit ähnliche Aufgaben mit dem UAS zu erledigen hat, die in der Sache identische Abläufe haben, kann ein LUC beantragt werden. Aufgaben wären in diesem Fall beispielsweise die Inspektion von Pipelines oder Windenergieanlagen. LUC-Inhaber können sich im genehmigten Rahmen den Betrieb selbst genehmigen

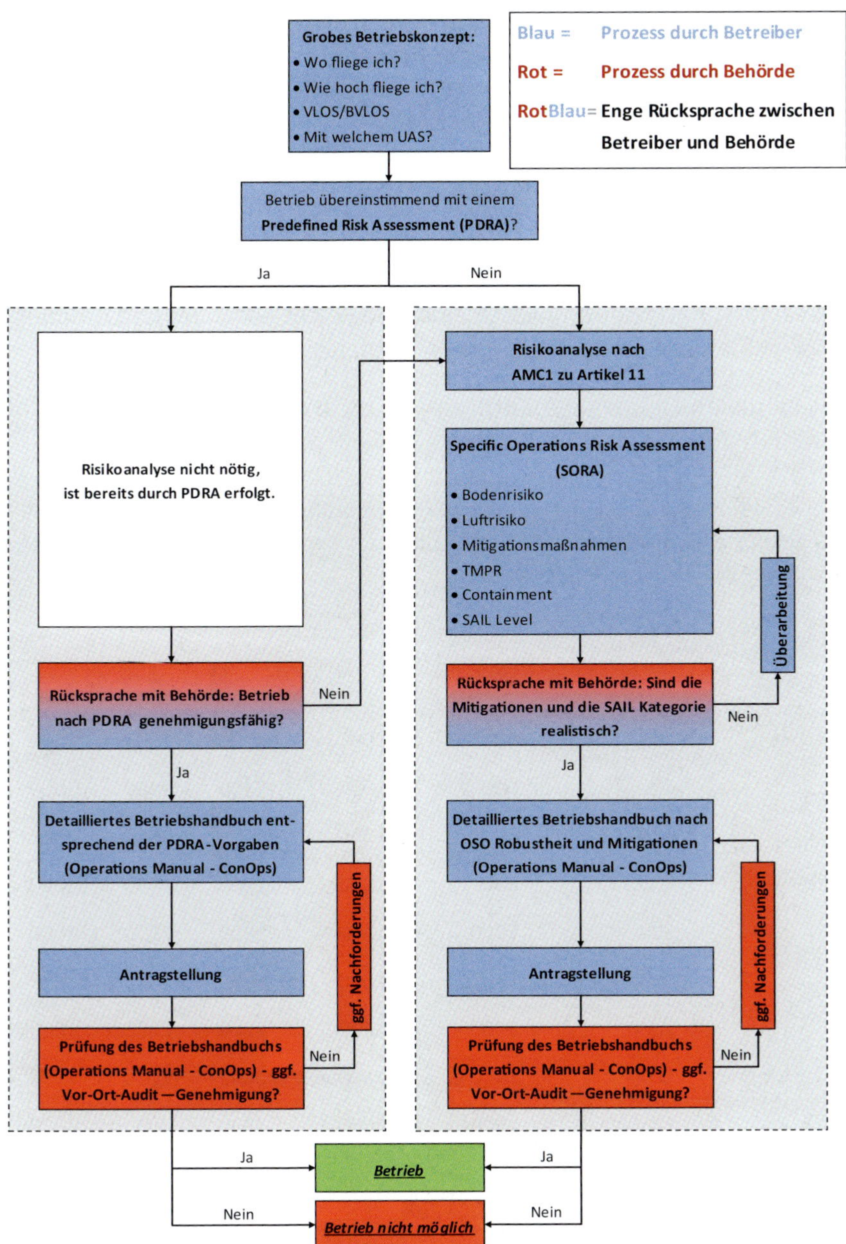

▲ *Das Diagramm zeigt auf, wie der Weg zu einer Betriebserlaubnis unter den Gesichtspunkten PDRA (links) und SORA (rechts) ausschauen kann. (Quelle: LBA)*

und werden im Gegenzug von der zuständigen Luftfahrtbehörde in bestimmten Intervallen auditiert. Zuständige Luftfahrtbehörde für die Beantragung ist das Luftfahrtbundesamt.

Kategorie Zulassungspflichtig

In die Kategorie ***Zulassungspflichtig*** fallen beispielsweise Drohneneinsätze, die etwa der Personenbeförderung dienen. Hierfür ist eine Betriebserlaubnis notwendig. Die Zulassungskriterien hierfür sind noch nicht abschließend definiert, werden aber nah an denen der bemannten Luftfahrt liegen.

Gemäß der aktuellen Fassung der LuftkostV fallen in der Kategorie ***Speziell*** folgende Gebühren an:

Erteilung einer Betriebsgenehmigung einschließlich Überprüfung zur fortlaufenden Einhaltung der Genehmigungsvoraussetzungen und Vorgaben in der Betriebsgenehmigung während der Gültigkeitsdauer						
SAIL/Anz. verwendete Risikominderung (M1, M2, M3)	1	2	3	4	5	6
1–3 x None/Low	200	400	800	1200	1600	2000
1 x Med	400	600	1000	1400	1800	2000
2 x Med	600	800	1200	1600	2000	2000
1 x High	600	800	1200	1600	2000	2000
3 x Med	800	1000	1400	1800	2000	2000
2 x High	1000	1200	1600	2000	2000	2000
2 x Med + 1 x High	1000	1200	1600	2000	2000	2000
2 x High + 1 x Med	1200	1400	1800	2000	2000	2000
3 x High	1400	1600	2000	2000	2000	2000
Addition zu den Kosten der obigen Tabelle						
ARC-Reduktion	Unabhängig von SAIL					
-1 Klasse	100					

Erteilung einer Betriebsgenehmigung einschließlich Überprüfung zur fortlaufenden Einhaltung der Genehmigungsvoraussetzungen und Vorgaben in der Betriebsgenehmigung während der Gültigkeitsdauer						
-2 Klassen	200					
Die maximalen Kosten für eine Betriebsgenehmigung sind auf 2.000 Euro gedeckelt.						
Verlängerung einer Betriebsgenehmigung einschließlich Überprüfung zur fortlaufenden Einhaltung der Genehmigungsvoraussetzungen und Vorgaben in der Betriebsgenehmigung während der verlängerten Gültigkeitsdauer						
SAIL	1	2	3	4	5	6
	40	80	160	240	320	400
Aktualisierung der Betriebsgenehmigung bei erheblichen Änderungen nach Punkt AUS. SPEC.030 Abs. 2 in Teil B des Anhangs						
SAIL	1	2	3	4	5	6
	50	100	200	300	400	500
Aktualisierung der Betriebsgenehmigung für den Betrieb in einem anderen Mitgliedsstaat der EU						
SAIL	1	2	3	4	5	6
	50	100	200	300	400	500
Standardszenarien						
Überprüfung einer eingereichten Betriebserklärung über die Einhaltung eines Standardszenarios für den Betrieb eines unbemannten Fluggeräts in der Betriebskategorie „Speziell" nach Artikel 5 Absatz 5 in Verbindung mit Punkt UAS.SPEC.020 in Teil B des Anhangs und Artikel 12 Absatz 5 der Durchführungsverordnung (EU) 2019/947 auf Vollständigkeit und Ausstellung einer Bestätigung einschließlich Überprüfung zur fortlaufenden Einhaltung der Angaben in der Erklärung während der Gültigkeitsdauer der Betriebserklärung						200
Überprüfung des Betreibers für die Durchführung einer praktischen Ausbildung von Fernpiloten für den Betrieb unter Standardszenarien nach Anlage 3 des Anhangs der Durchführungsverordnung (EU) 2019/947 auf Einhaltung der Erklärung nach Anlage 4						100

7.6 Fazit

Die Regeln für Fernpiloten sind komplexer geworden. Sie bedeuten aber auch eine Chance, ohne großen Aufwand – also ohne aufwendige Antragsverfahren für Betriebsgenehmigungen etc. durchlaufen zu müssen – EU-weit unter Einhaltung geltender Regeln in die Luft gehen zu können. Dies gilt für Einsatzbereiche, in denen ein Risiko für Personenschäden als gering eingeschätzt werden kann. Sobald allerdings dieses Risiko ansteigt, wird es komplexer sowie zeit- und kostenintensiver, aber auch nur zu Beginn bei erstmaliger Beantragung einer Betriebserlaubnis in der Kategorie *Speziell*. Ist diese Hürde genommen, spricht nichts gegen einen legalen Einsatz in der gesamten EU. Besonders hervorzuheben ist das neue Verständnis des Luftfahrtbundesamts sowie der Landesluftfahrtbehörden. Sie wandeln sich von Erlaubnisbehörden hin zu einem Dienstleister auf Augenhöhe für Fernpiloten.

Beratung für Genehmigungsverfahren

Der Autor dieses Buchs ist seit Jahren in der Drohnenbranche als Berater, Sachbuchautor wie auch als aktiver Fernpilot zu Hause. Bereits seit der ersten gravierenden Änderung der Drohnenregeln im Jahr 2017 hat er für seine Drohneneinsätze die Erlaubnis zum Betrieb von unbemannten Fluggeräten und die Zulassung einer Ausnahme von den Betriebsverboten gemäß § 21b Abs. 1 LuftVO mit einer ***SORA-GER-Zertifizierung*** (Risikobewertung) ausgestellt bekommen. Insofern verfügt er schon heute über entsprechende Erfahrungen, um auch künftig die Hürden der neuen Drohnenregeln für einen Betrieb in der Kategorie ***Speziell*** erfolgreich meistern zu können. Wer diesbezüglich eine Beratung und/oder Unterstützung benötigt, kann sich gerne direkt an den Autor unter der E-Mail-Adresse ***mailto:info@us-kopter.de*** wenden.